ulmer

Stefan Tomik

BALKON KRAFTWERK

Strom selbst erzeugen mit Steckersolargeräten
auf Balkon, Terrasse und im Garten

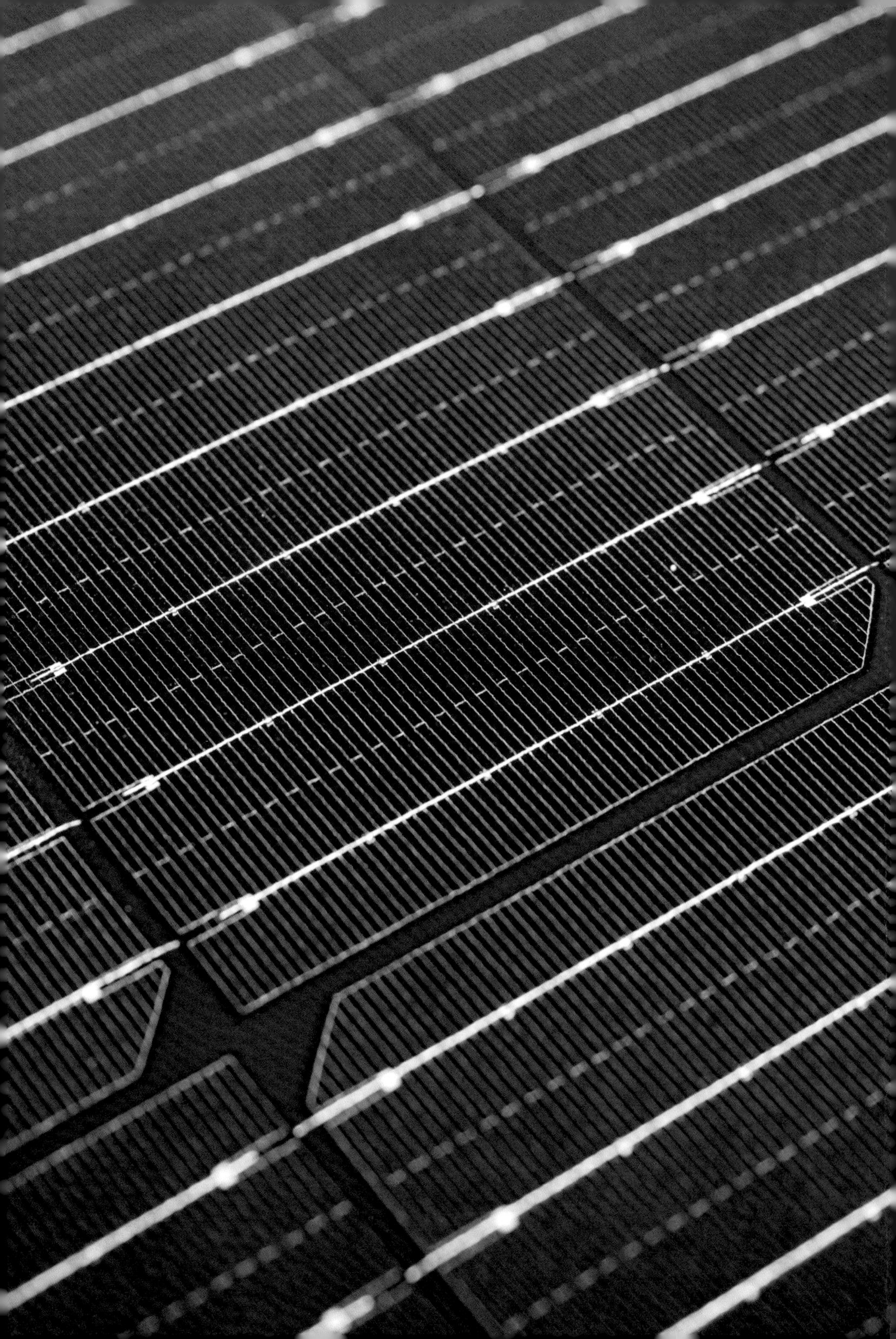

INHALT

WARUM DIESES BUCH?

SCHRITT FÜR SCHRITT

SERVICE

WARUM DIESES BUCH?

Oder: Wie ich mal eben schnell ein Balkonkraftwerk aufhängen wollte – und fast daran verzweifelt wäre

Alle meine Bekannten wollen jetzt ein Balkonkraftwerk, ein Mini-Solargerät für die Steckdose. Die Medien berichten darüber, im Fernsehen läuft Werbung dafür, und die Strompreise steigen wer weiß wie hoch noch. Deshalb wollen viele nun ihren eigenen Strom erzeugen, mit einem Stecker direkt ins Haushaltsnetz einspeisen – und Geld sparen. Dann läuft der Stromzähler nämlich langsamer oder steht sogar still. Gut fürs Klima ist es obendrein. Und weil das fantastisch klingt, will ich es auch und mache mich auf die Suche.

Ein Prospekt des örtlichen Baumarkts verspricht ein Rundum-Sorglos-Paket: „Mit der Komplett-Solaranlage produzieren und nutzen Sie Ihren eigenen Ökostrom – sparen Sie sich damit einen großen Teil Ihrer Stromrechnung und werden Sie Teil der Energiewende! Einfache Montage im Garten, am Balkon oder auf einem Flachdach." Und das zu einem Knallerpreis von unter 500 Euro, einschließlich Befestigungssystem für Balkongeländer oder Wandmontage.

Ich fahre gleich in die nächste Filiale – und komme gerade einmal bis zum Informationsschalter, bevor mein Traum zerplatzt. „Balkonkraftwerke? Nee, die haben wir gar nicht bekommen", höre ich. „Da gab es wohl Lieferschwierigkeiten." Lieferschwierigkeiten gibt es auch bei vielen Onlineshops, die solche Geräte anbieten. Das Internet ist voll von Angeboten, aber oft heißt es: „Derzeit nicht lieferbar".

Vor allem tauchen im Internet die ersten Probleme auf. Man muss die Geräte zwar nicht genehmigen lassen, aber anmelden, heißt es dort, und das scheint nicht ganz ohne zu sein. Anmelden muss man sie nicht nur bei der Bundesnetzagentur, sondern auch beim örtlichen Stromnetzbetreiber. Und der errichtet hohe Hürden. Er wirft mit VDE-Normen um sich, dass einem schwindlig wird, und verlangt eine spezielle Einspeisesteckdose, die nur ein Elektriker anschließen darf. Der würde auch gleich noch die Leitungen messen und die Sicherung tauschen. Das wird teuer, und Elektriker sind auch schwer zu bekommen. Außerdem soll womöglich der Stromzähler getauscht und ein Zweirichtungszähler installiert werden. Ganz so einfach, wie es im Prospekt angepriesen wird, scheint das ganze Unterfangen also nicht zu werden.

Andererseits gibt es Leute, die schon seit vielen Jahren Balkonkraftwerke betreiben und ihren Strom ebenso lange mit einem normalen Haushaltsstecker einspeisen, obwohl der Verband der Elektrotechnik Elektronik Informationstechnik (VDE) behauptet, genau das sei gefährlich und unzulässig. Manche von ihnen melden ihre Geräte überhaupt nicht an und nennen das

Ab jetzt wird gespart: Balkonkraftwerk am sonnigen Südbalkon.

„Guerilla-Photovoltaik". Sie sehen sich als Stromrebellen und begehren auf gegen die Macht der Stromkonzerne und Netzbetreiber.

Ein Balkonkraftwerk hätte ich schon gerne, aber ich will auch nicht im Knast oder Krankenhaus landen. Und sicher montiert werden soll es auch. Da offenbart sich gleich die nächste Schwierigkeit: Wie befestigt man das schwere Solarmodul am Balkongeländer, und ist das überhaupt zulässig? Je länger ich recherchiere, desto mehr Probleme tauchen auf. Das Baurecht stellt sich mir in den Weg. Von Überkopfzulassung ist die Rede, von Schnee- und Windlasten und von einer allgemeinen bauaufsichtlichen Zulassung, die aber nur ganz wenige Solarmodule besitzen. Und was wird überhaupt mein Vermieter zu meinen Plänen sagen? Darf er sie verbieten?

Ich brauche Rat. Im Internet und auf Youtube stolpere ich immer wieder über einen Namen: Holger Laudeley. Der Unternehmer und Solarpionier hat Balkonkraftwerke in Deutschland bekannt gemacht in hunderten von Videos. Laudeley, ein Ingenieur für Betriebs- und Versorgungstechnik, ist ein aufmüpfiger Typ, der sich nicht so schnell von irgendetwas abbringen lässt. Als ich ihn in Ritterhude besuche, wo er sich im Gewerbegebiet ein regelrechtes Solarimperium aufgebaut hat mit riesigen Photovoltaikanlagen, erzählt er mir, wie er mit einem Kumpel vor zwölf Jahren seine ersten Balkonkraftwerke entwickelte, wie ihre Firma verklagt wurde und Insolvenz anmelden musste. Laudeley sieht eine mächtige Lobby am Werk, die gut verdient an dreckigem Kohlestrom und kein Interesse daran hat, dass Leute wie Sie und ich jetzt anfangen, zu Hause ihren eigenen Ökostrom zu produzieren.

Diese Sichtweise wird mir später immer wieder begegnen. Quer durch die Solarbranche sind Unternehmer frustriert, weil Deutschland bei der Photovoltaik einst zur Weltspitze gehörte, heute aber kaum noch eine Rolle spielt. Schlechte politische Entscheidungen zugunsten weniger Strom-Monopolisten haben demnach die heimische Photovoltaikindustrie kaputtgemacht und die Energiewende ausgebremst. Wir könnten 15 Jahre weiter sein, sagen sie.

Auch könnte es schon viel mehr Balkonkraftwerke geben; stattdessen wurde eine eher akademische Diskussion über die richtige Einspeisesteckdose angezettelt. Mini-Solargeräte, selbst wenn sie nur aus einem Solarmodul bestehen, müssen in Deutschland genauso penibel bei der Bundesnetzagentur registriert werden wie große Dachanlagen. Die Bürokratie und der Widerstand von einigen Netzbetreibern schrecken viele Interessierte ab, die sparen und etwas für den Klimaschutz tun wollen. Diesen Frust kann ich mittlerweile gut verstehen.

Als ich Holger Laudeley vorschlage, ein Buch zu schreiben als Hilfe für alle, die die Energiewende jetzt selbst in die Hand nehmen wollen, warnt er mich: „Weißt du eigentlich, was du da tust? Du begibst dich in eine Schlangengrube. Hätte ich damals gewusst, was ich heute weiß, ich würde das alles nicht noch einmal machen."

Ich recherchiere trotzdem weiter – mit der Hilfe vieler Fachleute. Denn ich will die Energiewende in Bürgerhand vorantreiben. Den ersten Ratgeber speziell zum Thema Balkonkraft haben Sie nun vor sich. Er soll Ihnen helfen, sich im Dschungel von Gesetzen und Normen zurechtzufinden und sich von steigenden Strompreisen weniger abhängig zu machen.

Hätte ich damals gewusst, was ich heute weiß, hätte ich mein Balkonkraftwerk viel schneller aufhängen können.

Wie es der Zufall will, ereignet sich kurz vor Druck dieses Ratgebers Erstaunliches: Plötzlich ist auch der VDE für einfachere Regeln. In einem Positionspapier fordert der Verband eine Bagatellgrenze für Kleinstanlagen. Und die soll sogar bei 800 Watt liegen. Plötzlich soll Balkonkraft auch ohne Zweirichtungszähler gehen. Und nicht nur das: Stromzähler sollen zumindest für eine Übergangszeit sogar rückwärts drehen dürfen – was bis vor Kurzem als undenkbar galt. Die Anmeldung beim Netzbetreiber soll entfallen und die Einspeisung mit Schukostecker unter Voraussetzungen geduldet werden.

Ich komme aus dem Staunen nicht mehr heraus. Jahrelang wurde all das, was engagierte Aktivisten fordern, als gefährlich und absurd abgetan. Und jetzt besteht wirklich die Chance, dass es bald einfache, klare und einladende Regeln für Balkonkraftwerke gibt. Allerdings müssten dafür Gesetze, Verordnungen, technische Normen und Anschlussregeln geändert werden. Dass das alles so durchkommt, ist noch nicht ausgemacht, lag aber auch noch nie näher als heute.

SCHRITT FÜR SCHRITT

BALKONKRAFTWERK

erklärt in 15 Minuten

Das Neue und Besondere an der Balkonkraft versteht man am besten, wenn man mal ganz kurz zurückblickt auf die vergangenen Jahrzehnte der Photovoltaik in Deutschland. Die war früher nur etwas für Leute mit eigener Dachfläche und viel Geld. Mit dem haben sie eine Firma damit beauftragt, eine Anlage zu konzipieren. Ein Montagetrupp hat das Dach mit Solarmodulen gepflastert und ein Elektriker alles angeschlossen. Erst dann konnte die Anlage in Betrieb gehen und jeden Tag Strom ins öffentliche Netz einspeisen.

Dafür erhielt ihr Besitzer eine üppige Vergütung, die das Erneuerbare-Energien-Gesetz (EEG) festlegt. Allerdings hatte er auch üppige Kosten. Solartechnik wurde in kleinen Stückzahlen hergestellt und war teuer. Die Einspeisevergütung *musste* also hoch sein, damit Privatleute überhaupt in Photovoltaik investierten. Das ist heute anders. Die Preise für Solartechnik sind stark gesunken und private Solaranlagen seit Januar 2023 sogar ganz von der Mehrwertsteuer befreit.

Auch die EEG-Vergütung wurde deshalb zurückgefahren. Gleichzeitig stiegen die Strompreise in den vergangenen Jahren enorm. Damit haben sich die finanziellen Rahmenbedingungen komplett geändert: Früher war man scharf auf die hohe Einspeisevergütung, die mit einer Solaranlage zu erzielen war; heute geht es vor allem darum, den eigenen Stromverbrauch zu reduzieren. Was man günstig selbst herstellen kann, muss man ja nicht teuer einkaufen.

Strom für Millionen Mieter

Das ist genau das Prinzip der Balkonkraftwerke: Sie produzieren Strom für den sofortigen Eigenbedarf. Einen Speicher, um den Strom später zu verbrauchen, haben sie nicht und unterscheiden sich damit von vielen großen Solaranlagen.

Und vor allem: Endlich können auch Mieter von den Vorteilen der Photovoltaik profitieren. Fast die Hälfte der Deutschen wohnen zur Miete; das ist ein größerer Anteil als in jedem anderen Land der Europäischen Union. Doch nur weniger als 1 Prozent der etwa 3 Millionen Mehrfamilienhäuser in Deutschland sind mit einer Photovoltaikanlage ausgestattet. Dabei würden die meisten Mieter sehr gerne von sauberem – und günstigem – Strom vom eigenen Dach profitieren, etwa im Rahmen von Mieterstrommodellen.

Etwa die Hälfte der Deutschen war also von der Nutzung der Solarenergie bislang ausgeschlossen, und ich bin einer von ihnen. Aber meine Mietwohnung hat einen schönen Südbalkon mit Blick auf Hofheim am Taunus. An diesem Balkon soll mein Steckersolargerät hängen. Das ist der Plan.

Ein Phänomen mit vielen Namen

Heute kommt es mir merkwürdig vor, dass ich nicht schon viel früher von Balkonkraftwerken erfahren habe. Erst der Krieg in der Ukraine und die Debatte über Energieautarkie haben das Thema so richtig in die Öffentlichkeit katapultiert.

Manchmal ist da auch von Mini-PV-Anlagen die Rede, wobei PV für Photovoltaik steht, oder von Steckersolaranlagen oder -geräten, weil es sich ja um steckerfertige Haushaltsgeräte handelt. Oft liest man auch von Plug-in-Solaranlagen, weil sie sich so einfach in Betrieb nehmen lassen („Plug and Play“). Jedenfalls wenn sie einen Schukostecker haben, der in jede normale Haushaltssteckdose passt.

Da die ersten Anlagen dieser Art gegen heftigen Widerstand von Netzbetreibern, VDE und Behörden betrieben wurden, hat sich auch der Begriff „Guerilla-PV“ etabliert. Das passt ebenfalls, wenn man bedenkt, dass viele Besitzer wohl „vergessen“ haben, ihrer Meldepflicht gegenüber der Bundesnetzagentur und dem Stromnetzbetreiber nachzukommen. Wahrscheinlich wollten sie sich Ärger vom Hals halten. Manche freuen sich heute noch diebisch, wenn sie Strom einspeisen und ihr alter Zähler rückwärts läuft – was jedoch nicht erlaubt ist.

So funktioniert's technisch

Wie man Balkonkraftwerke auch bezeichnet – es geht immer um dasselbe Prinzip. Die Technik ist ausgereift und simpel. Mini-Solaranlagen bestehen aus ein oder zwei Photovoltaikmodulen, die mit einem Wechselrichter verbunden werden. Die Module messen etwa 1 mal 1,70 Meter und wiegen an die 20 Kilogramm. Sie erzeugen aus Sonnenlicht Gleichstrom. Doch damit kann man im Haushalt praktisch nichts anfangen. Deshalb verwandelt der Wechselrichter diesen Gleichstrom in Wechselstrom, und diesen kann ich über ein Kabel mit Stecker direkt ins Hausnetz einspeisen. Dort wird er sogleich verbraucht, und zwar von allen Geräten, die zu diesem Zeitpunkt Strom benötigen.

Aber woher „weiß“ der Strom, wohin er fließen soll? Die Antwort ist Physik pur. Strom nimmt immer den Weg des geringsten Widerstands. Der Weg von meinem Balkonkraftwerk zum Kühlschrank, zum Laptop oder zum WLAN-Router ist ja wesentlich kürzer und bietet damit deutlich weniger Widerstand als der Weg vom nächstgelegenen Kraftwerk in meine Wohnung. Das bedeutet: Meine Haushaltsgeräte nutzen zuerst den Strom meines Balkonkraftwerks, und nur wenn ihr Bedarf größer ist, schließen sie diese Lücke mit Netzstrom.

Sollte an einem sonnigen Tag trotzdem mehr Strom produziert werden, als gerade in meinem Haushalt benötigt wird, weil ich zum Beispiel im Urlaub bin, fließt dieser überschüssige Strom ins öffentliche Netz. Wahrscheinlich wird ihn dann meine Nachbarin verbrauchen. Das macht ja nichts. Im Gegenteil:

Der Aufbau eines Steckersolargeräts

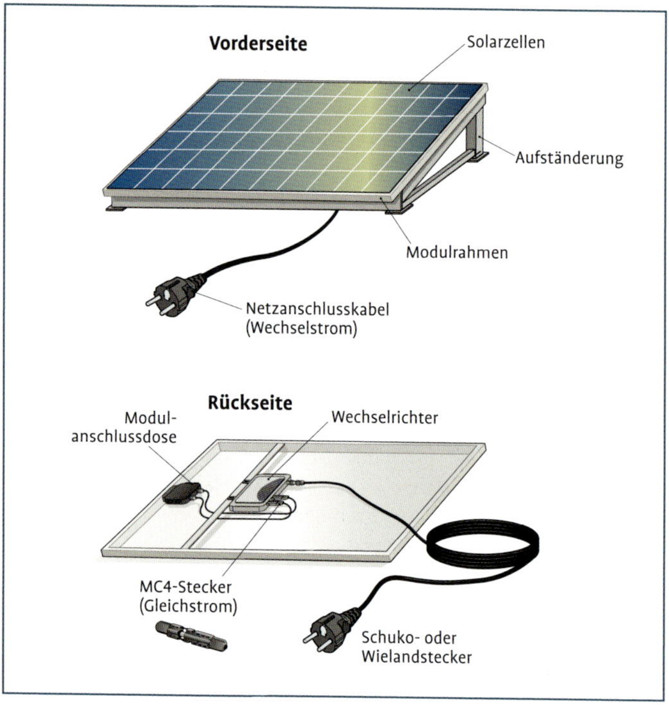

Aufstellorte für Steckersolargeräte (Quelle: HTW-Studie)

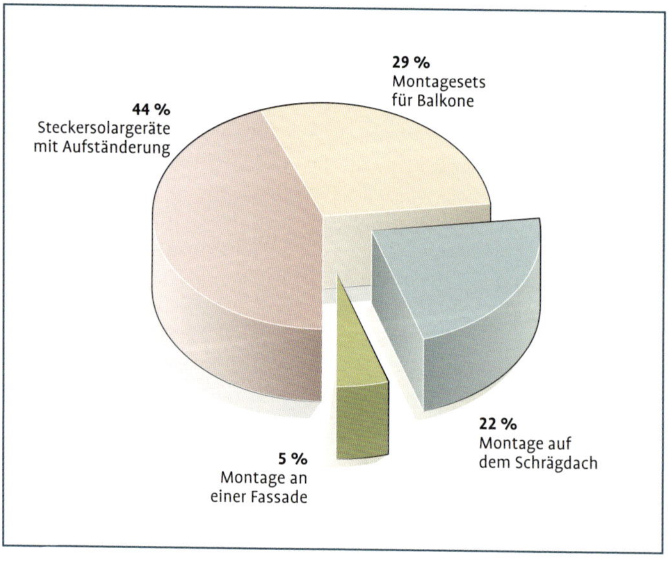

Denn nun ersetzt der Ökostrom von meinem Balkon woanders konventionell erzeugten Kohlestrom. Dem Klima nützt das also trotzdem.

Allerdings bekomme ich für meinen Balkonstrom dann kein Geld. Theoretisch könnte ich selbst mit einer winzigen Solaranlage und nur einem Modul eine Vergütung nach dem Erneuerbare-Energien-Gesetz (EEG) beanspruchen. Aber das lohnt sich finanziell kaum, und für die paar Kröten nehme ich den Aufwand nicht in Kauf.

Strom erzeugen, wo er gebraucht wird

Die lokale Stromerzeugung nahe an den Verbrauchern hat einen großen Vorteil: Transportverluste werden vermieden. Bevor ich anfing, mich mit dem Thema zu beschäftigen, war mir überhaupt nicht klar, wie viel Energie auf dem langen Weg des konventionellen Stroms bis zu mir in die Wohnung verloren geht. Schon der Abbau von Kohle ist sehr energieintensiv. Für den Braunkohletagebau werden ganze Landschaften umgegraben, Dörfer weggebaggert und Autobahnen verlegt. Die Steinkohle für unsere deutschen Kraftwerke wird mittlerweile komplett importiert, und zwar nur zu einem mickrigen Anteil aus der EU, vor allem aus Polen. Große Anteile kommen aus Russland, Australien, den USA und Kolumbien. Erst wegen des Kriegs in der Ukraine wurde russische Kohle zuletzt durch noch mehr kolumbianische ersetzt. Die importierte Kohle wird also um die halbe Erde geschippert, bevor sie in Deutschland verfeuert wird. Ist das nicht verrückt?

Der gewonnene Strom muss von den Kraftwerken zu mir noch hunderte Kilometer durch Leitungen transportiert und auf dem Weg mehrmals in Umspannungswerken transformiert werden, von Höchstspannung in Hochspannung in Mittelspannung in Niederspannung. Jede Wandlung ist mit Verlusten verbunden. Das ist in etwa so, wie wenn man aus einer teuren Flasche Wein drei Viertel wegschütten muss, bevor man den Rest genießen kann. Erst jetzt, wo ich mich intensiv mit Balkonkraft beschäftige, dämmert mir, was für ein aufwendiges System wir hier unterhalten – und bezahlen. Da liegt die Frage doch auf der Hand: Warum produzieren wir unseren Strom nicht einfach dort, wo er gebraucht wird – bei uns zu Hause?

Jedes Solarmodul, das im Jahr 250 Kilowattstunden Strom erzeugt, ersetzt nach Angaben der Deutschen Gesellschaft für Sonnenenergie (DGS) die Verbrennung von 250 Kilogramm Kohle. Das Potenzial der Balkonkraft in Deutschland ist zwar nicht riesig, aber doch beachtlich. Eine überschlägige Schätzung der Verbraucherzentrale Nordrhein-Westfalen ergab allein für dieses Bundesland potenzielle Einsatzorte in rund einer Million Haushalte. Das entspricht einer möglichen Energieproduktion von jährlich 290 Gigawattstunden, also der Leistung von etwa 29 modernen Windkraftanlagen. Diese Energie würde, weil sie lokal erzeugt wird, ein Vielfaches an Kohlestrom ersetzen. Und wir brauchten auch weniger neue Überlandleitungen.

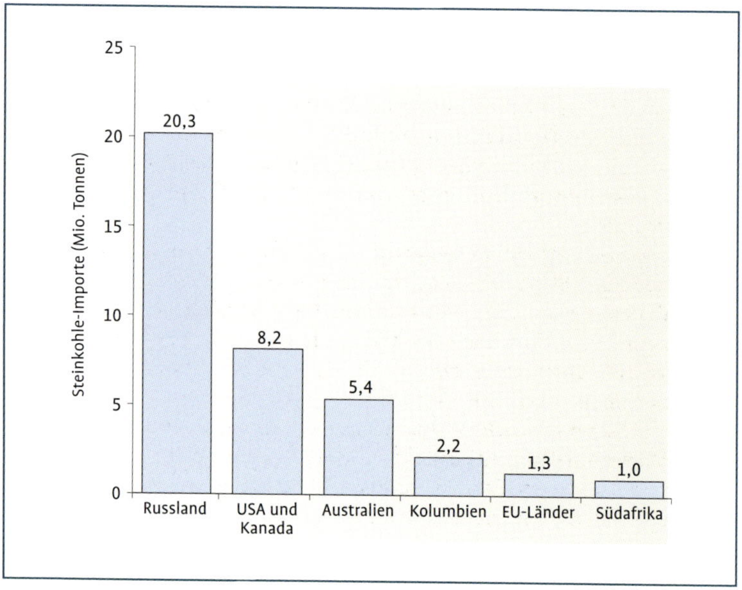

Der Import von Steinkohle nach Deutschland (Quelle: destatis)

Vorteile von Balkonkraftwerken

Einfach: Eine Anlage besteht nur aus ein oder zwei Solarmodulen, einem Wechselrichter und Kabeln. Die kann man ganz leicht zusammenstecken (die Montage am Balkongeländer kann jedoch knifflig werden).
Schnell: Wir müssen nicht auf eine Genehmigung warten. Wir müssen die Anlage lediglich dem Stromnetzbetreiber und der Bundesnetzagentur anzeigen.
Günstig: Die Investition von ein paar Hundert Euro hat sich innerhalb einiger Jahre amortisiert. Danach produzieren wir eigenen Ökostrom kostenlos.
Sicher: Das Gerät funktioniert nur, wenn es das Stromnetz mit der richtigen Spannung und Frequenz erkennt. Es schaltet automatisch ab, sobald der Stecker gezogen wird.
Flexibel: Auch Mieter können im Rahmen des Mietrechts Strom erzeugen. Bei einem Umzug nehmen sie ihr Steckersolargerät einfach mit.
Selbermachen: Kleine Anlagen bis 600 Watt können Laien in der Regel selbst und ohne Elektriker in Betrieb nehmen. Allerdings braucht man handwerkliches Geschick für die Montage.
Sichtbar: Balkonkraftwerke machen die Energiewende konkret sichtbar. Jede Anlage birgt Gesprächsstoff für die Nachbarschaft – und trägt die Idee weiter.
Unabhängig: Große Stromkonzerne dominieren den Markt, ihre Aktionäre wollen Rendite sehen. Mit einem Balkonkraftwerk lösen wir uns ein kleines Stück aus der Abhängigkeit. Vollends unabhängig werden wir leider nicht.

Warum Balkonkraft ansteckend ist

Holger Laudeley nennt Balkonkraftwerke eine „Einstiegsdroge“. Menschen, die sich bislang nie mit Photovoltaik beschäftigt haben, fangen plötzlich an zu rechnen, wie viel sie damit sparen könnten. Die steigenden Strompreise erleichtern diese Gedankengänge erheblich. Man könnte auch sagen: Es ist die blanke Panik ausgebrochen. Jeder schaut jetzt, wie er seine Stromrechnung reduzieren kann.

Besitzer von Balkonkraftwerken erfassen gerne laufend ihren Ertrag und optimieren ihren Stromverbrauch, sodass sie einen größeren Anteil ihres Bedarfs mit dem Eigenstrom decken können. Nach Angaben von Händlern fragen Kunden inzwischen nach Geräten mit immer mehr Leistung. Erstaunlicherweise sind unter den Kunden auch Leute, die bereits eine große Anlage auf ihrem Einfamilienhaus besitzen.

Jedes Solarmodul macht die Energiewende sichtbar und verbreitet die Idee weiter. Wissenschaftler des Potsdam-Instituts für Klimafolgenforschung (PIK) haben herausgefunden, dass Solaranlagen „ansteckend“ seien, und zwar „auf gute Weise“. Menschen mit einer Solaranlage in ihrer Umgebung würden mit höherer Wahrscheinlichkeit ebenfalls eine kaufen. Der Faktor Nähe sei bedeutender als Einkommen, Bildung oder Mund-zu-Mund-Propaganda, fanden sie heraus.[1]

Energiewende in Bürgerhand

Wenn ich bald einen Teil meines Stroms selbst produziere, bin ich nicht länger ein reiner Konsument, sondern ein Prosument. So heißt das deutsche Pendant zum englischen Prosumer. Das ist Energiewende zum Selbermachen. Ich trete also ein kleines Stück weit in Konkurrenz zu den großen Energiekonzernen.

Die Energiewende ist im Mehrfamilienhaus angekommen.

Die haben seit der Liberalisierung des Strommarktes in den Neunzigerjahren eine erhebliche Macht aufgebaut. An dem von ihnen gelieferten Strom verdienen auch die vier großen Übertragungsnetzbetreiber und mehr als 900 Verteilnetzbetreiber kräftig mit. Die unterhalten und warten das Stromnetz und wachen als natürliche Monopolisten in ihrer Region über eine gewaltige Infrastruktur aus Überlandleitungen, Erdkabeln, Schalt- und Umspannwerken.

Für den Transport des Stroms zum Endkunden erhalten sie ein sogenanntes Netznutzungsentgelt, dessen Höhe die Bundesnetzagentur festlegt. Dieses Entgelt macht etwa ein Viertel des Strompreises aus. Je mehr Strom *ich* also kaufe, desto mehr verdienen auch die Netzbetreiber. Und jetzt komme ich und will auf meinem Balkon eigenen Strom produzieren. Ich kann mir schon vorstellen, dass das bei denen nicht gut ankommt.

Tatsächlich gehörten viele Netzbetreiber zu den Bremsern der Balkonkraft. Dass ein Stromerzeugungsgerät einfach so in einen Verbrauchsstromkreis einspeist, galt lange als undenkbar. Der Druck von Balkonkraft-Enthusiasten hat dazu geführt, dass der VDE das 2019 ausdrücklich in seinem Regelwerk erlaubte – ein Durchbruch, der die Nachfrage nach Steckersolargeräten spürbar steigen ließ. Zusammen mit den explodierenden Energiepreisen und der Debatte über Energieautarkie nach dem Überfall Russlands auf die Ukraine führte das zu einem regelrechten Boom der Balkonkraft.

Streit über die Steckdose

Doch es wurden andere Hürden errichtet. Der gewöhnliche Schukostecker, der in jede vorhandene Haushaltssteckdose passt, wird verteufelt, ein spezieller Einspeisestecker gefordert. Die dazu passende Spezialsteckdose darf nur eine Elektrofachkraft installieren. Die soll auch gleich noch die Leitungen prüfen und die Sicherung tauschen. Das würde jedoch einige Vorteile der Balkonkraft – schnell, günstig, flexibel – zunichte machen. Ich sehe mein Budget schon dahinschmelzen.

Brauche ich wirklich einen Elektriker zur Installation? Über diese Frage werde ich gründlich nachdenken müssen. Denn der VDE vertritt diese Meinung, als wäre sie eines der Zehn Gebote. Andererseits werden schon seit vielen Jahren Balkonkraftwerke mit Schukostecker angeschlossen, es sind bereits hunderttausende Geräte. Und es ist nicht *ein* Unfall dadurch bekannt geworden.

Verwirrung und Halbwahrheiten

Dennoch stiften einige Netzbetreiber eher Verwirrung, indem sie Halbwahrheiten über Steckersolargeräte verbreiten. Da werden Gefahren aufgebauscht und Endkunden zum Beispiel mit der Behauptung verunsichert, der Netzbetreiber könne den Betrieb eines Steckersolargeräts *nicht genehmigen* – obwohl eine solche Genehmigung weder vorgesehen noch erforderlich ist. Der

Nachteile der Balkonkraft

Bürokratisch: Die Bürokratie ist reduziert im Vergleich zu großen Photovoltaikanlagen, aber immer noch schlimmer, als sie sein müsste. Viele Netzbetreiber errichten Hürden bei der Anmeldung, lehnen den Anschluss mit Schukostecker ab oder bestehen auf einen eigentlich unnötigen Zweirichtungszähler.

Unübersichtlich: Die Rechtslage ist kompliziert. Balkonkraft ist in Gesetzen und Verordnungen einfach noch nicht vorgesehen. Es gibt keine Bagatellgrenze, dafür viele Grauzonen, und es fehlt an Gerichtsurteilen, die den Weg weisen würden.

Nervig: Viele Vermieter sehen Balkonkraftwerke kritisch. Auch in Eigentümergemeinschaften stößt man oft auf Unverständnis. Gerichte entscheiden mal für, mal gegen Balkonkraftwerke. Es gibt auch im Mietrecht keine gesicherte Rechtslage.

auf Energierecht spezialisierte Berliner Rechtsanwalt Jörn Bringewat sieht darin einen Versuch, Balkonkraftwerker „einzuschüchtern" mit ihrer „administrativen Übermacht".

Etliche Kommunen und Landkreise haben Förderprogramme für Mini-Solaranlagen aufgelegt, knüpfen diese aber daran, dass die teils sehr strengen Regeln der örtlichen Netzbetreiber eingehalten werden. Das kann dazu führen, dass die gesamte Fördersumme und mehr in den Kassen eines Elektrofachbetriebs landet, der das Balkonkraftwerk installieren soll.

Eines wird mir bei meiner Recherche ziemlich schnell klar: Ausgerechnet die Netzbetreiber sind bestimmt nicht die besten Ratgeber, wenn es um einen schnellen Ausbau der erneuerbaren Energien geht. Holger Laudeley bringt es auf den Punkt: „Wer sich beim Netzbetreiber über eigenen Strom informiert, lässt sich auch vom Fleischer zu Veganismus beraten."

Die verworrene Rechtslage und die strenge Interpretation der Anwendungsregeln durch den VDE erzeugen viel Frust und schrecken Menschen ab, die der Balkonkraft grundsätzlich positiv gegenüberstehen. „Der Kampf um die Freigabe von Steckersolargeräten ist noch längst nicht abgeschlossen", schreibt die Deutsche Gesellschaft für Sonnenenergie (DGS), die fast täglich Beschwerden über die Praxis der Netzbetreiber erhält. Die Anwendungsregeln des VDE stellten „für unerfahrene Bürger eine Quelle der Unsicherheit dar". Den Stromkonzernen gehe es „allein um ihre Marktanteile an der Stromversorgung", mutmaßt der Verein und mahnt an, „dass die Konzerne und ihre Helfer die Blockadepolitik gegen Steckersolargeräte im VDE aufgeben und ihre Unwahrheiten und Angstkampagnen einstellen". Puh, da hat sich wohl einiger Ärger angestaut. Allerdings besteht nun die Hoffnung, dass die Regeln doch gelockert werden, seit der VDE im Januar 2023 einen solchen Vorstoß gemacht hat. Nach vielen Jahren könnte sich die Vernunft doch noch durchsetzen.

ERSPARNIS

Ich will etwas fürs Klima tun, aber ich bin auch Sohn eines Wirtschaftsprüfers und Steuerberaters, und da kann ich nicht raus aus meiner Haut. Also rechne ich erst einmal nach: Wann würde sich meine Anschaffung überhaupt amortisieren? Wann ist also der Zeitpunkt erreicht, wo Investition und Ersparnis sich die Waage halten? Diesen Punkt zu bestimmen ist komplizierter, als ich es mir vorgestellt habe.

Schon der Stromertrag hängt von vielen Faktoren ab, wie dem Standort, der Ausrichtung und Neigung der Solarmodule. Daran schließt sich die Frage an, welchen Anteil dieses Ertrags ich im Haushalt sofort verwenden kann; einen Speicher habe ich ja nicht. Nur dieser Eigenverbrauchsanteil verringert meine Stromrechnung. Was das Balkonkraftwerk darüber hinaus erzeugt, verschenke ich. Dieser überschüssige Strom wird ins öffentliche Netz eingespeist – und in der Regel nicht vergütet.

Am Markt haben sich zwei Leistungsklassen für Steckersolargeräte etabliert: Kleine Anlagen mit *einem* Solarmodul und um die 300 Watt Ausgangsleistung und große mit *zwei* Modulen und meist 600 Watt. Ich muss herausfinden, welche am besten zu mir passt. Dazu möchte ich meinen Stromverbrauch besser kennenlernen, und ihn bei der Gelegenheit auch gleich noch verringern. Denn das ist die beste aller Sparmaßnahmen. Außerdem muss ich über Ausrichtung und Neigung der Module nachdenken, um den Strom möglichst genau dann einzufangen, wenn ich ihn brauche.

Wie viel Energie kann ich erzeugen?

Zuerst möchte ich wissen, was aus so einem Steckersolargerät überhaupt an Strom herauskommt. Einer der wichtigsten Faktoren ist: der Standort.

Standort und Einstrahlung

Vom Standort hängt ab, wie viel Solarstrahlung (auch Globalstrahlung genannt) überhaupt auf die Erde trifft. Die Globalstrahlung besteht aus direktem und aus diffusem Sonnenlicht. Selbstverständlich ist die Sonneneinstrahlung in Italien größer und in Skandinavien geringer als bei uns. Aber auch innerhalb Deutschlands gibt es Unterschiede. Der Süden bekommt deutlich mehr Sonne ab als der Norden: Laut Deutschem Wetterdienst schwankt die Einstrahlung zwischen jährlich 951 und 1261 Kilowattstunden je Quadratmeter, der Mittelwert ist 1055 kWh. Gemessen wird immer auf einer ebenen Fläche. Dasselbe Solarmodul würde in Freising also mehr Strom erzeugen als in Cuxhaven. Schwankungen gibt es natürlich auch zwischen einzelnen Jahren und Monaten. Im Juli ist die Solarstrahlung etwa acht Mal so hoch wie im Januar.

Kohlestrom ersetzen mit Sonnenenergie

„Überschüssigen“ Sonnenstrom gibt es eigentlich gar nicht. Selbst wenn dieser Strom ins öffentliche Netz eingespeist und nicht vergütet wird, ersetzt er umweltschädlichen Kohlestrom – nur eben woanders.

Fürs Klima sieht die Kalkulation so aus: In einem Zeitraum von ein bis höchstens zwei Jahren amortisiert sich bereits der energetische Aufwand für die Herstellung eines Solarmoduls. Von da an rechnet sich der Einsatz fürs Klima jeden Tag mehr.

Und da stellt sich die Frage: Wenn Geld nur eine Nebenrolle spielt, genug Platz für zwei Module da ist und diese verschattungsfrei und sinnvoll ausgerichtet werden können – warum nicht eine große Anlage wählen, selbst wenn man nur einen Teil vom erzeugten Strom selbst verbraucht?

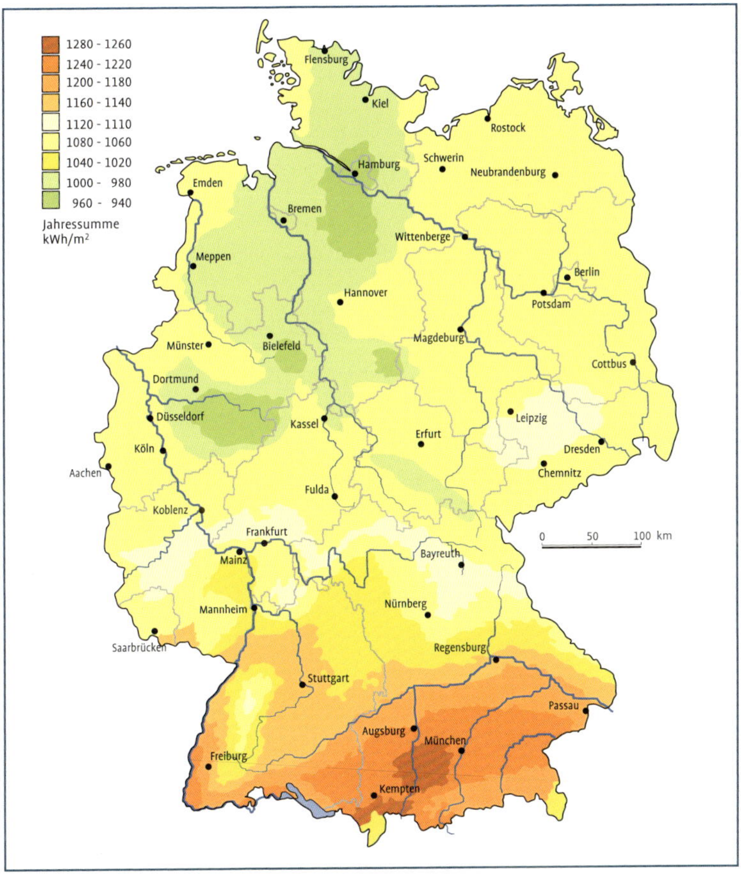

Die Globalstrahlung in Deutschland

Wirkungsgrad und Temperatur

Vom Aufbau des Solarmoduls hängt es ab, wie viel der eingestrahlten Sonnenenergie tatsächlich verwertet werden kann. Technischer Standard sind mittlerweile monokristalline Module (siehe S. 87) mit einem Wirkungsgrad zwischen 19 und 22 Prozent. Das bedeutet: Aus 1000 Kilowattstunden eingestrahlter Sonnenenergie können diese Module theoretisch zwischen 190 und 220 Kilowattstunden Strom erzeugen.

Der Ertrag des gesamten Systems hängt vor allem stark von der Lufttemperatur ab. Hitze reduziert die Leistung der Solarzellen erheblich, und im Hochsommer kann es auf einem geneigten Süddach unter den Modulen an die 90 Grad heiß werden. Der Verlust durch hohe Temperaturen wird mit etwa 8 Prozent des Jahresertrags kalkuliert. Deshalb liefert ein Balkonkraftwerk im Frühjahr meistens sogar einen höheren Ertrag, obwohl die Sonneneinstrahlung geringer ist. Denn dann hat die Sonne schon viel Kraft, die Luft ist aber noch schön kühl.

Kleines Steckersolargerät im Garten

Der Gleichstrom aus dem Modul muss noch in Wechselstrom gewandelt werden. Das übernimmt der Wechselrichter, in dem auch wieder ein Teil der Energie verloren geht, und zwar zwischen 3 und 4 Prozent. Auch der Wechselrichter arbeitet bei hohen Temperaturen weniger effizient.

Anlagen vergleichen mit Kilowatt-Peak

Hersteller geben die Maximalleistung ihrer Photovoltaikmodule immer in Kilowatt-Peak (kWp) an. Dieser Wert entsteht aber nur unter Standard-Testbedingungen wie einer Einstrahlung von 1000 Watt je Quadratmeter und einer Temperatur von genau 25 Grad. Doch solche Bedingungen sind in der Praxis kaum gegeben, denn wenn die Sonne stark strahlt, wird das Modul in der Regel heißer. Das Charmante an der kWp-Angabe ist jedoch, dass sie es ermöglicht, die Module verschiedener Hersteller weltweit zumindest grob in ihrer Leistungsfähigkeit zu vergleichen.

Als Faustregel für den Ertrag gilt, dass eine Solaranlage pro kWp (also

Solarenergie in der Sahara?

Wegen des engen Zusammenhangs von Temperatur und Wirkungsgrad wäre übrigens die Sahara *kein* Wunschstandort für Photovoltaik. Abgesehen von Sandstürmen und der Frage, wie der dort erzeugte Strom ohne große Verluste zu den Verbrauchern kommen sollte, ist es dort schlicht zu heiß. Was die Temperatur betrifft: Die ist im Himalaya auf ein paar Tausend Metern Höhe ideal. Bei Minusgraden und wolkenlosem Himmel laufen Solarmodule dort zur Höchstleistung auf.

Watt, Kilowatt und Kilowattstunden

Die Leistung eines elektrischen Gerätes wird in **Watt** (W) angegeben – egal, ob es sich um einen Stromverbraucher oder um einen -erzeuger handelt. Ein WLAN-Router leistet („verbraucht") etwa 10 Watt, ein Wasserkocher 1700 bis 2500 Watt. 1000 Watt sind 1 **Kilowatt** (kW).

Die Leistung ist das Produkt aus der Spannung und dem Strom, den das Gerät benötigt oder liefert. Sie gilt aber immer nur für den Augenblick und verändert sich immer wieder mal, ohne dass der Nutzer das mitbekäme. Beim Solarmodul schwankt der Ertrag bei wechselhaftem Wetter ständig, je nachdem, wie hoch die Sonne steht und welche Wolke sich gerade vor sie schiebt.

Viel interessanter als die ständig schwankende Watt-Zahl ist deshalb, wie viel Energie die Solaranlage an einem Tag, in einem Monat oder einem Jahr liefert. Um das zu erfahren, multipliziert man die Leistung (in Watt oder Kilowatt) mit der Zeit (in Stunden). So erhält man die elektrische Arbeit, gemessen in Wattstunden (Wh). 1000 Wh sind eine **Kilowattstunde** (kWh). Auch auf der jährlichen Stromrechnung sind Kilowattstunden die entscheidende Abrechnungsgröße.

1000 Watt-Peak) etwa 850 bis 950 Kilowattstunden Strom erzeugen kann. Das heißt zum Beispiel: Ein kleines Steckersolargerät mit einem 380-Wp-Modul könnte jedes Jahr 315 bis 350 kWh Strom liefern. Vorausgesetzt sind dabei eine optimale Ausrichtung und Neigung und ein unverschatteter Standort.

Immer wieder mal lese ich bei meiner Recherche von geradezu fantastischen Solaranlagen, die pro kWp gar 1300 oder 1400 kWh Strom erzeugen. Holger Laudeley erklärt mir, dass diese Geschichten nur halb richtig sind. Tatsächlich könnten solche Spitzenerträge in Ausnahmefällen erzielt werden. Das liegt dann aber nicht an einer wundersamen Ingenieursleistung (Verbesserungen beim Wirkungsgrad durch neue Technologien spiegeln sich meist in Ziffern nach dem Komma wider, der große Durchbruch ist noch keinem Hersteller gelungen): Die außergewöhnlichen Erträge dürften eher auf einen besonderen Standort der Solaranlage zurückzuführen sein. An der Küste direkt hinterm Deich profitiert sie zum Beispiel enorm von der Reflexion des Sonnenlichts an der Wasseroberfläche. Auch eine geschlossene Schneedecke im Winter wirkt Wunder – vorausgesetzt, das Solarmodul selbst ist schneefrei und der Himmel wolkenlos. Auch dann ist die Sonneneinstrahlung stark erhöht, und in der knackig kalten Luft kann das Solarmodul zur Höchstleistung auflaufen.

Ausrichtung und Neigung

Idealerweise würde mein Solarmodul immer im rechten Winkel zur Sonne stehen. Aber das klappt natürlich nicht, denn die Sonne wandert, und das Modul muss starr montiert werden. Eine Anlage, die das Modul den ganzen Tag über in Abhängigkeit vom Sonnenstand automatisch positioniert, könnte den Ertrag zwar um etwa 45 Prozent steigern. Wenn man aber mal durchrechnet,

Modulneigung \ Modulausrichtung	Süd		Süd-Ost/Süd-West						Ost/West				Nord-Ost/Nord-West						Nord
	0°	± 10°	± 20°	± 30°	± 40°	± 50°	± 60°	± 70°	± 80°	± 90°	± 100°	± 110°	± 120°	± 130°	± 140°	± 150°	± 160°	± 170°	± 180°
0°	90%	90%	90%	90%	90%	90%	90%	90%	90%	90%	90%	90%	90%	90%	90%	90%	90%	90%	90%
10°	95%	95%	95%	95%	95%	95%	95%	93%	90%	90%	90%	90%	88%	85%	85%	83%	83%	80%	80%
20°	100%	100%	100%	98%	95%	95%	95%	93%	90%	90%	88%	85%	83%	83%	80%	78%	75%	73%	70%
30°	100%	100%	100%	100%	98%	95%	95%	92%	90%	85%	85%	80%	75%	70%	68%	65%	65%	63%	60%
40°	100%	100%	100%	100%	95%	95%	93%	90%	85%	80%	75%	70%	65%	60%	58%	55%	55%	53%	50%
50°	100%	100%	100%	95%	95%	93%	90%	90%	85%	80%	70%	60%	55%	50%	48%	48%	48%	45%	45%
60°	95%	95%	95%	95%	90%	90%	85%	80%	80%	70%	60%	50%	48%	48%	45%	43%	43%	40%	40%
70°	90%	90%	90%	90%	90%	80%	80%	80%	70%	60%	60%	50%	48%	45%	45%	43%	43%	40%	40%
80°	80%	80%	80%	80%	80%	80%	70%	70%	65%	60%	53%	48%	45%	43%	43%	40%	38%	35%	35%
90°	70%	70%	70%	70%	70%	70%	65%	60%	60%	55%	48%	43%	40%	38%	38%	35%	33%	30%	30%

jährliche Einstrahlung (%): 100 95 90 80 70 60 50 40 30

Der Ertrag eines Solarmoduls in Abhängigkeit von Ausrichtung und Neigung

was dafür an technischem Aufwand getrieben werden müsste, wäre das nicht wirtschaftlich.

Mit der „Ausrichtung“ einer PV-Anlage ist gemeint, in welchem Winkel sie zur Südrichtung steht. Man spricht vom „Azimut“. Eine Ausrichtung von 0 Grad bedeutet in der Geografie eine Orientierung nach Norden, in der Photovoltaik jedoch nach Süden. Leider wird das nicht durchgängig so gehandhabt, je nach Quelle wird die Südrichtung manchmal auch mit 180 Grad bezeichnet.

Hartnäckig hält sich das Gerücht, dass eine Solaranlage immer nach Süden ausgerichtet sein muss. Doch das stimmt nicht. Eine Abweichung von der Südrichtung lässt den Ertrag eines Moduls zwar sinken, aber der Verlust ist deutlich geringer als landläufig vermutet. Eine Abweichung von bis zu 45 Grad, also eine Ausrichtung nach Südost oder Südwest, ist nur mit minimalem Verlust verbunden. Das Modul liefert dann immer noch 95 Prozent des möglichen Ertrags. Und eine Ausrichtung der Module nach Westen und Osten würde immerhin noch 80 Prozent des maximal möglichen Ertrags liefern. Wie groß die Veränderung ist, zeigt die Tabelle auf der linken Seite.

Auch die Neigung spielt eine Rolle. Sie gibt an, wie stark das Modul um eine waagerechte Achse gekippt ist. Der optimale Neigungswinkel bei einer Südausrichtung ergibt sich aus dieser Formel:

> Optimaler Neigungswinkel = Breitengrad des Aufstellungsortes – 20 Grad

Hofheim liegt in etwa auf dem 51. Breitengrad. Daraus ergibt sich eine ideale Neigung von 31 Grad. Aber ein paar Grad Unterschied sind in der Praxis unerheblich. Flach auf dem Boden liegend liefert ein Modul immer noch etwa 90 Prozent des möglichen Maximalertrags.

Ausrichtung und Neigung gehören immer zusammen, auch das zeigt die Tabelle. Generell gilt: Je weiter ein Modul von der Südrichtung abweicht, desto flacher sollte es montiert werden. Ein Modul auf einem Westdach mit einer Neigung von 20 Grad liefert noch etwa 90 Prozent der möglichen Leistung. Bei 40 Grad sind es nur noch 80 Prozent und bei 60 Grad sogar nur noch 70 Prozent.

Auch eine flache Nordausrichtung ist längst nicht mehr tabu. Sie hat in der Praxis an Hochsommertagen sogar einen positiven Effekt: Die Module werden nicht so heiß wie auf der Südseite. Bis zu einer Dachneigung von maximal 15 Grad belegen viele Solarteure, also Planer für Photovoltaikanlagen, deshalb auch Norddächer.

Mein Balkonkraftwerk wäre nach Süden ausgerichtet. Wenn ich das Solarmodul senkrecht am Geländer montiere (90 Grad), hätte ich eine Ausbeute von etwa 70 Prozent der maximalen Leistung. Die Ertragskurve würde im Jahresverlauf flacher: Im Sommer ergibt sich aus dem steilen Aufstellwinkel des Moduls ein geringerer Ertrag; im Winter, wenn die Sonne tief am Horizont steht, steigt der Ertrag etwas. Wenn ich das Solarmodul unten etwas ausstellen könnte, sodass es 70 Grad geneigt wäre, würde der durchschnittliche Jahresertrag auf 90 Prozent steigen.

Wind, Schnee und Schmutz

Die für den Ertrag theoretisch ideale Neigung kann jedoch andere Nachteile für die Montage haben. Auf einem Schrägdach würde man die Module allein schon aus optischen Gründen parallel zur Dachfläche verbauen. Darauf sind auch die üblichen Befestigungssysteme ausgelegt. Auf einem Flachdach erhöht eine allzu steile Aufstellung die Windanfälligkeit erheblich, denn der Wind kann nun sehr gut hinter die Module packen. Da zählen schon wenige Grad mehr oder weniger Neigung.

Von Anfang an mitgedacht: Balkonkraftwerke im Mietshaus

Deshalb werden Flachdächer oft mit Modulen in Ost-West-Ausrichtung und einem Winkel von 10 bis 12 Grad belegt, selbst wenn eine Südausrichtung mit idealem Neigungswinkel möglich wäre. Zwischen den Modulen, die bei einer Ost-West-Ausrichtung aneinander anschließen, gibt es dann auch kaum noch Lücken, in die der Wind greifen könnte.

Lägen die Module flach auf dem Dach, wäre das gut gegen den Wind, aber es entstünde ein anderes Problem: Auf den Modulen würde sich immer mehr Schmutz sammeln. Schnee bliebe im Winter auch sehr lange liegen. Ab einem Winkel von etwa 10 Grad gelten Module als weitgehend selbstreinigend, denn dann spült der Regen den gröbsten Schmutz ab.

Auch am Balkon sieht es einfach schöner aus, wenn das Modul parallel zur Balkonbrüstung befestigt wird. Es fügt sich dann viel besser ins Gesamtbild ein. Die Windlast wäre geringer und das Befestigungssystem weniger belastet als bei einer ausgestellten Montage.

Einbausituation und Verschattung

Auch die konkrete Einbausituation beeinflusst den Ertrag. Bei der Balkonmontage etwa spielt es durchaus eine Rolle, ob seitlich neben dem Balkongeländer eine Wand aufragt oder ob man im obersten Stockwerk des Hauses wohnt mit unverstelltem Blick in drei Himmelsrichtungen. In Computersimulationen ist gut erkennbar, dass schon ein oberhalb liegender Balkon den Ertrag mindert.[2]

Holger Laudeley macht mich noch auf etwas ganz Wichtiges aufmerksam: Die Module dürfen nicht verschattet werden, auch nicht teilweise, damit sie ihre volle Leistung erbringen können. Immer wieder sieht man auf Fotos von Balkonkraftwerken, dass ein Baum, ein Dachüberstand, ein Geländer oder eine Antenne einen Schatten auf das Modul wirft. So auch auf dem schönen Coverfoto dieses Buches. Dabei kann schon etwas Laub auf einem Modul die Leistung erheblich einbrechen lassen. Der Grund ist, dass die einzelnen Solarzellen hintereinander in Reihe geschaltet sind. Wenn *eine* Zelle ausfällt, geht die Leistung des ganzen Strangs in den Keller. Seit jeher versuchen Hersteller dagegenzuhalten, etwa mit Bypassdioden, die den Strom an den betroffenen Zellen vorbeileiten sollen. Das gelingt ihnen unterschiedlich gut. Ein negativer Effekt durch Teilverschattung ist dennoch immer wieder zu beobachten.

Damit hatte ich nicht gerechnet. Vor meinem Balkon wächst ein Baum, dessen oberste Äste schon jetzt ihren Schatten auf mein Balkongeländer werfen. Das macht sich wohl gar nicht gut. Also frage ich meine Nachbarin über mir, ob ich mein Balkonkraftwerk nicht einfach an ihr Geländer hängen darf – es ist unverschattet. Zum Glück ist Hildegard immer hilfsbereit.

Wie viel Strom kann ich selbst nutzen?

Früher wurden Solaranlagen praktisch immer als Volleinspeiseanlagen konzipiert, niemand dachte an den Eigenverbrauch. Warum auch? Für jede ins öffentliche Stromnetz eingespeiste Kilowattstunde konnte der Anlagenbesitzer eine Vergütung kassieren, die höher war als der Strompreis. Deshalb lohnte es sich sogar, den Strom vom eigenen Dach erst ins Netz einzuspeisen und den Eigenverbrauch dann wieder günstiger aus dem Netz zu kaufen. Kein Wunder, dass man versuchte, die Module genau nach Süden auszurichten in der idealen Neigung. Der beste Ertrag war der maximale Ertrag.

Mit einem Steckersolargerät verhält es sich anders. Eine Einspeisung ins Netz und ein Verkauf des Stroms lohnt sich finanziell nicht. Was hat man dann aber davon, wenn die Anlage mittags die höchste Leistung erzielt, während man selbst im Büro sitzt und die Kinder in der Schule und niemand da ist, der den Strom verbrauchen kann?

Idealerweise bringt man also Stromerzeugung und -verbrauch zusammen, macht sie deckungsgleich. Das lässt sich auch durch die Ausrichtung der Solaranlage beeinflussen. Wenn ich Bäcker wäre, regelmäßig vor Sonnenaufgang das Haus verlassen, dafür aber schon am frühen Nachmittag zurückkehren würde, dann lohnte sich eine West- oder Südwestausrichtung mehr als eine Ost- oder Südostausrichtung.

Bei mir ist die Ausrichtung durch den Balkon weitgehend vorgegeben. Ich könnte das Solarmodul höchstens an der schmalen Seite Richtung Westen montieren, aber dann hinge es direkt neben der Hauswand, und die würde den Ertrag erheblich mindern. Also bleibt es bei: Süden. Das ist aber auch gar nicht schlecht, denn ich arbeite tagsüber viel im Homeoffice.

Sparen, wo es nur geht

Über Strom habe ich mir bisher selten Gedanken gemacht. Er ist da, wenn ich ihn brauche. Und ich brauche ihn oft.

Morgens mache ich mir erst mal einen Cappuccino. Wenn ich am Schreibtisch arbeite, laufen der Laptop und ein externer Monitor sowie eine Dockingstation stundenlang. Der WLAN-Router natürlich auch. Zwischendurch muss immer wieder mal das Handy geladen werden. Und dann sind da noch die Stereoanlage und der Laserdrucker im Standby-Betrieb. Abends nutze ich Herd oder Backofen und dann natürlich das Licht.

Über Strom dachte ich bisher nur nach, wenn ich neue Geräte gekauft habe. Rechnet man einmal durch, wie viele Kilowattstunden Kühlschrank oder Geschirrspüler in den nächsten zehn Jahren verbrauchen werden, landet man schnell bei besonders sparsamen Geräten mit Energielabel A+++. Ich habe mich unter anderem auch deshalb für ein Induktionskochfeld entschieden, weil es sparsamer ist als ein gewöhnlicher Glaskeramikherd. Auf einen Wäschetrockner habe ich bewusst verzichtet. Die Wäsche an der Luft trocknen zu lassen, spart bis zu 60 Euro Stromkosten im Jahr. Klassische Glühlampen finden sich in meinem Haushalt nirgends mehr, nur noch effiziente LEDs. Im Austausch alter Leuchtmittel schlummert ein riesiges Sparpotenzial.

So habe ich vergangenes Jahr ausweislich meiner Stromrechnung an die 1200 Kilowattstunden verbraucht. Das ist gar nicht schlecht. Aber das Bessere ist bekanntlich der Feind des Guten, und so mache ich mich erst einmal daran, meinen Stromverbrauch weiter zu senken. Energiesparen ist die günstigste und beste Klimaschutzmaßnahme noch vor dem Balkonkraftwerk.

Deshalb teste ich jedes Haushaltsgerät mit einem Strommessgerät einzeln durch. Meine Stereoanlage zum Beispiel verbraucht im Betrieb 17 Watt, aber auch immerhin 4 Watt im Standby-Modus. Das ist fast ein Viertel der Leistung.

Tab. 1 Gemessene Leistungsaufnahme einiger meiner Haushaltsgeräte

	im Betrieb	im Standby
Laptop (Akku voll) über Dockingstation	11 Watt	2 Watt
externer Monitor	34 Watt	1 Watt
WLAN-Router	10 Watt	7 Watt
Schnurloses Telefon	7 Watt (beim Aufladen)	1 Watt
Drucker	10–1056 Watt (Letzteres beim Aufheizen)	1 Watt
Stereoanlage	17 Watt	4 Watt
Schreibtischlampe	11 Watt	–
Staubsauger	200–1000 Watt	–
Dampfbügelstation	bis zu 2100 Watt (so etwa beim Aufheizen)	–

4 Watt in der Stunde mal 24 Stunden am Tag mal 365 Tage im Jahr – das macht einen überschlägigen Jahresverbrauch von 35 Kilowattstunden. Bei einem Strompreis von 40 Cent je kWh ergibt das 14 Euro im Jahr. Und das nur dafür, dass man die Anlage mit einer Fernbedienung jederzeit aus dem Schlaf wecken könnte.

Der Laserdrucker ist genügsamer mit nur 1 Watt im Standby. Er ist mit dem Blauen Engel ausgezeichnet unter anderem wegen des geringen Stromverbrauchs. Der WLAN-Router und das Schnurlostelefon haben einen Stromsparmodus, den aktiviere ich. Den Router stelle ich außerdem so ein, dass er das WLAN jede Nacht zwischen 0 und 7 Uhr selbstständig ausschaltet. Das spart auch noch ein bisschen.

Viele Elektrogeräte haben jedoch inzwischen gar keinen echten Ausschalter mehr. Während hinter dem Standby-Modus immerhin noch ein geringer Nutzen steht, ziehen solche Geräte Strom für gar nix. Man nennt das Schein-Aus, und meine Dockingstation ist so ein trauriger Fall. Die kommt deshalb an eine schaltbare Steckdosenleiste, sodass ich sie vom Netz trennen kann, wenn ich sie nicht brauche.

Stromspartipps für den Haushalt

Grundlast und Spitzenlast

Der Stromverbrauch eines Haushalts schwankt ständig – je nachdem, welche Geräte eingeschaltet werden oder welche Geräte sich selbst ein- oder ausschalten, etwa der Kompressor des Kühlschranks, wenn es nötig ist, um die Temperatur zu regulieren. Die größten Verbraucher finden sich meistens in der Küche: Kochfeld, Backofen, Wasserkocher, Toaster und Kaffeemaschine. Außerdem fressen viel Strom: Bügeleisen, Staubsauger, Waschmaschine.

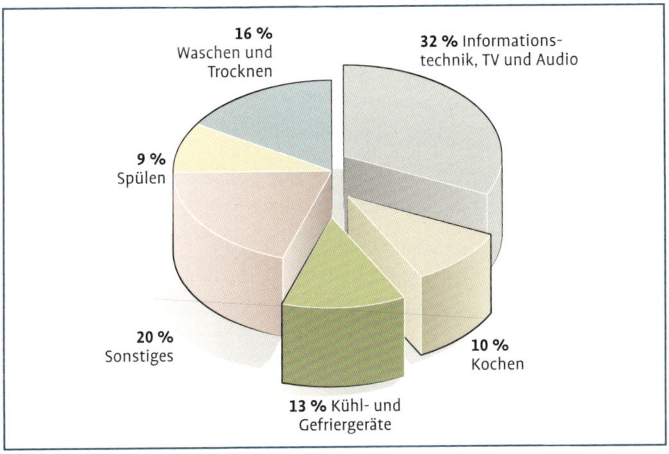

Stromverbrauch im Haushalt nach Bereichen (Quelle: gasag Magazin)

All diese Geräte laufen nur bei Bedarf, dann benötigen sie aber richtig viel Energie. Mein Wasserkocher geht mit 1700 Watt zu Werke, meine Dampfbügelstation zieht während des Aufheizens bis zu 2100 Watt. Wenn ich so ein Gerät einschalte, entstehen Lastspitzen.

Für Geräte, bei denen der Stromverbrauch schwankt, ist die bloße Watt-Angabe wenig wert. Viel interessanter ist doch, wie viel Energie ich brauche, um zwei Tassen Cappuccino zuzubereiten, fünf Hemden zu bügeln oder eine Trommel voller Wäsche zu waschen. So lassen sich auch verschiedene Geräte oder Waschgänge miteinander vergleichen. Bei meinen Messungen kam heraus, dass ein normaler Waschgang für Baumwolle bei 60 Grad etwa 1 Kilowattstunde Strom verbraucht. Drücke ich die Eco-Taste, reduziert sich der Verbrauch auf weniger als die Hälfte. Grund ist, dass im normalen Waschgang die Temperatur über lange Zeit bei 60 Grad gehalten wird, während sie im Eco-Modus nur kurz die 60 Grad erreicht und dann wieder sinkt. Eine verlängerte Waschzeit sorgt dafür, dass die Waschleistung dennoch vergleichbar ist.

Wenn ich im Eco-Modus bei 30 statt 60 Grad wasche, kann ich den Stromverbrauch nochmals um die Hälfte verkleinern – auf jetzt nur noch ein Fünftel des Ausgangswerts. Daraus lerne ich: Die meiste Energie beim Waschen geht fürs Heizen drauf, nicht fürs Pumpen oder Schleudern.

Im Geschirrspüler erkauft man sich Geschwindigkeit mit viel Energie. Der Schnelldurchgang (etwa 1 Stunde) verbraucht das 1,6-Fache des Stroms, den ein langsamer Durchgang (knapp über 3 Stunden) benötigt.

Tab. 2 Stromverbrauch meiner Geräte nach Aufgabe

Gerät	Aufgabe	Stromverbrauch
Espressomaschine	zwei Tassen Cappuccino zubereiten (Espresso kochen, Milch aufschäumen)	0,23 kWh
Waschmaschine	Waschgang Baumwolle Normal 60 Grad, 1200 U/min	1,04 kWh
	Waschgang Baumwolle Eco 60 Grad, 1200 U/min	0,42 kWh
	Waschgang Baumwolle Eco 30 Grad, 1200 U/min	0,20 kWh
Wasserkocher	1 Liter Wasser zum Kochen bringen	0,12 kWh
Geschirrspüler	Waschgang schnell 55 Grad	0,93 kWh
	Waschgang Eco 55 Grad	0,58 kWh

Andere Geräte fressen wenig bis sehr wenig Strom, dies dafür aber über einen langen Zeitraum. Dazu gehören der WLAN-Router, Lüftungsanlagen oder Aquarium-Pumpen. Und natürlich alle Geräte im Standby-Modus und im Schein-Aus. In jedem Haushalt gibt es deshalb immer einen Minimalwert der

Berechnung der Grundlast

Um die Grundlast im Haushalt zu ermitteln, schaltet man alle Geräte aus, die nicht ständig genutzt werden, lässt aber alle Geräte an, die Tag und Nacht laufen oder zumindest auf Standby sind. Dann liest man den Stromzähler vor dem Zubettgehen ab und morgens gleich wieder. Den gemessenen Stromverbrauch können Sie auf die Stundenzahl umrechnen.

Zählerstand um 22 Uhr:	22 341,704 kWh
Zählerstand um 6 Uhr des Folgetags:	22 342,201 kWh
Differenz:	0,497 kWh

Umgerechnet auf 8 Stunden: 0,497 kWh / 8 h = 0,062 kW = 62 Watt

Stromleistung, der rund um die Uhr nachgefragt und nicht unterschritten wird. Das ist die Grundlast.

Ein Balkonkraftwerk ist kein Sprinter, eher ein Marathonläufer. Den Strombedarf eines Wasserkochers oder einer Kaffeemaschine kann es mit seiner Ausgangsleistung von maximal ein paar hundert Watt nie komplett decken, die Grundlast eines Haushalts am Tag schon. Sie liegt in einer kleinen Wohnung bei 40 Watt aufwärts, in einer großen bei bis zu 300 Watt. Je höher die Grundlast, desto höher wird der Eigenverbrauchsanteil aus dem Balkonkraftwerk sein. Bei einer Grundlast von 300 Watt würde der gesamte Strom aus einem 300-Watt-Kraftwerk am Tag sofort verbraucht.

Warum die Verbrauchskurve wichtig ist

Nimmt man Spitzenlast und Grundlast zusammen, entsteht über den Tag für den Haushalt eine individuelle Verbrauchskurve. Techniker sprechen auch von Lastkurve, Lastprofil oder Lastgang. Der sieht im Sommer anders aus als

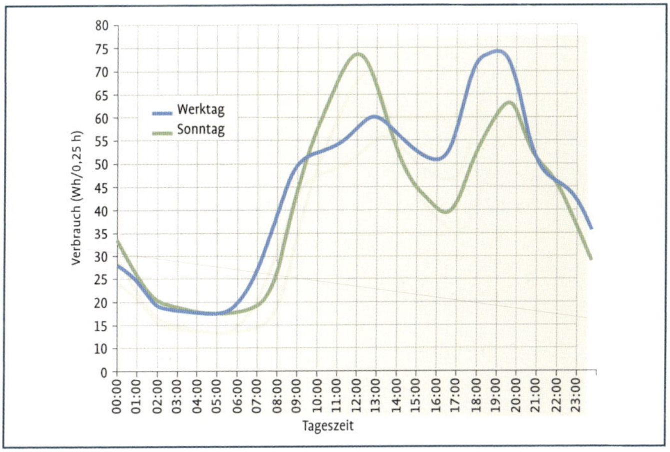

Lastgang eines durchschnittlichen Haushalts

im Winter und unter der Woche anders als am Wochenende. Das macht eine Prognose der Kostenersparnis durch ein Balkonkraftwerk so schwierig. Der Einfachheit halber nimmt man eine Standardlastkurve, die auf Basis vieler Haushalte berechnet wurde.

Typischerweise hat diese Kurve an Werktagen eine Lastspitze am Morgen, wenn die Leute aufstehen, ins Bad gehen, sich dann in der Küche einen Kaffee machen und einen Toast dazu. Dann geht der Verbrauch leicht zurück, zur Mittagszeit ist er wieder erhöht, und abends steigt er nochmals stark, wenn gekocht, gespült und ferngesehen wird.

Standardlastprofile können, müssen aber nicht auf Ihren Haushalt zutreffen. Bei einem berufstätigen Single, der seine Wohnung um 9 Uhr verlässt und erst um 19 Uhr heimkommt, wird die Verbrauchskurve ganz anders aussehen als bei einer Familie, in der beide Eltern im Homeoffice arbeiten und die Kinder schon zum Mittagessen aus der Schule zurück sind.

Eine Studie über Balkonkraftwerke, in der verschiedene Szenarien von Einbauorten und Lastprofilen verglichen wurden, zeigt, dass es selbst bei einem vergleichsweise kleinen 250-Watt-Solarmodul fast in jeder Konstellation zu einer Einspeisung ins öffentliche Stromnetz zwischen 3 und 29 Prozent kommt: „Gerade beim 1-Personenhaushalt werden große Energiemengen verschenkt." Große Anlagen erzeugen an Werktagen zwischen 9 und 14 Uhr unter guten Einstrahlungsbedingungen deutlich mehr Strom, als im Haushalt abgenommen werden kann, manchmal mehr als das Doppelte. Bei einem Einfamilienhaus ist der Anteil des eigenverbrauchten Stroms wiederum sehr hoch.

Wann rentiert sich mein Gerät?

Nun habe ich mich mit dem voraussichtlichen Ertrag meines Steckersolargerätes beschäftigt und mit dem Eigenverbrauchsanteil. Eines fehlt noch: der Amortisationszeitpunkt. Das ist jener Zeitpunkt, an dem die Anlage ihre eigenen Kosten wieder eingespielt hat. Ab diesem Tag werde ich meinen eigenen Ökostrom kostenlos produzieren.

Kaufpreis

Die Nachfrage nach Steckersolargeräten hat durch steigende Energiepreise kräftig angezogen. Zugleich haben sich Lieferengpässe verschärft, was unter anderem mit der Corona-Pandemie zu tun hat. Aber auch Qualität kostet. Module made in Germany sind zwar teurer als die China-Konkurrenz, dafür aber nachhaltiger. Die Senkung der Mehrwertsteuer für Photovoltaikanlagen auf 0 Prozent hat die Preise zum Januar 2023 wieder purzeln lassen.

Förderprogramme

Viele Gemeinden oder Landkreise unterstützen Steckersolargeräte mit einem Zuschuss zum Kaufpreis. Eine Übersicht von Förderprogrammen findet sich etwa auf der Website www.machdeinenstrom.de. Im hessischen Eschborn werden sogar 400 Euro gezahlt. Allerdings muss man das Kleingedruckte genau studieren. Denn oft wird die Förderung an Auflagen geknüpft, die weitere Kosten nach sich ziehen, zum Beispiel, wenn man einen Elektriker beauftragen muss: Manche Kommunen wollen sogar, dass die komplette Anlage von einem Fachbetrieb installiert wird. Unterm Strich dürfte es dann sogar teurer werden als ohne Förderung. Für den, der sowieso vorhatte, einen Elektriker zu rufen, wäre es natürlich ein willkommener Zuschuss.

Steigender Strompreis

Laut dem Vergleichsportal Verivox lag der Durchschnittspreis im November 2022 bei 48,16 Cent je Kilowattstunde. Neukunden haben es derzeit besonders schwer und müssen noch mehr zahlen. Dass im Juli 2022 die EEG-Umlage entfallen ist, entlastete den Strompreis zwar rein rechnerisch um 3,72 Cent, war aber ein Einmaleffekt, der sich nicht wiederholen wird.

Die große Unbekannte in der Kalkulation ist die Frage, ob und wie weit der Strompreis in den kommenden Jahren noch steigen wird. Der Preis hängt nicht nur an Angebot und Nachfrage, sondern auch an politischen Entscheidungen wie etwa der „Strompreisbremse“. Das macht eine Prognose schwierig. Klar ist aber: Je höher der Preis klettert, desto schneller rentiert sich mein Steckersolargerät.

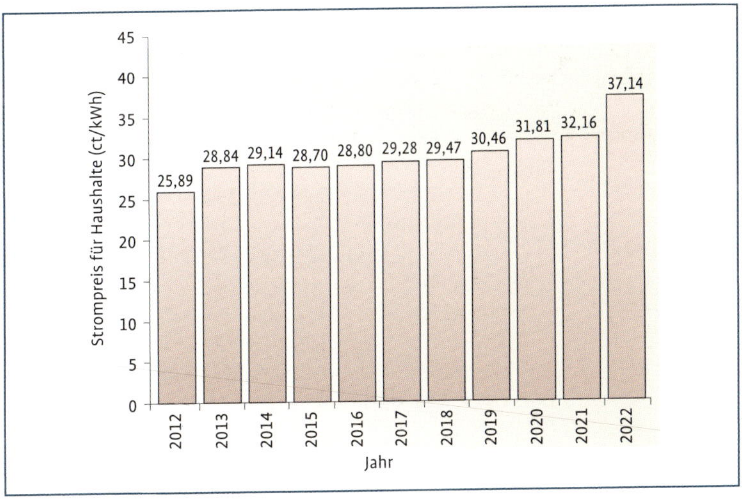

Die Entwicklung des Strompreises für Haushalte in den Jahren 2012–2022 (Quelle: BDEW e. V.)

Geräte-Lebensdauer

Ein Balkonkraftwerk kann durchaus 20 Jahre und länger seinen Dienst tun. Hersteller von Modulen und Wechselrichtern geben meistens langjährige Garantien. Dennoch ist vor allem der Wechselrichter eine potenzielle Schwachstelle im System. Fällt er nach der Garantiezeit aus, kann er technisch gesehen sehr leicht ersetzt werden, man muss ja nur die Kabel umstecken. Die dafür entstehenden Kosten würden aber die Amortisationszeit verlängern. Die Frage ist also, wie optimistisch oder pessimistisch man seine Berechnung ansetzt.

Aber wie errechne ich nun den Amortisationszeitpunkt? Dazu kommen wir jetzt.

Ertrag und Ersparnis online berechnen

Um die ganze Rechnerei zu vereinfachen, gibt es ein paar nützliche Websites. Sie berechnen den voraussichtlichen Ertrag oder sogar den Eigenverbrauchsanteil und auch die Amortisation einer Mini-Solaranlage aus einer ganzen Reihe von Daten, mit denen man sie füttern muss:

In meinem Fall verfüttere ich zunächst folgende Daten: Ich möchte ein kleines Balkonkraftwerk mit einem Solarmodul mit 300 Watt-Peak Nennleistung aufhängen. Das Modul wird senkrecht montiert (Neigung 90 Grad), zeigt nach Süden und ist verschattungsfrei. Die Ergebnisse der beiden Onlinerechner unterscheiden sich. Grund könnten unterschiedliche hinterlegte Daten und Annahmen etwa über Leistungsverluste sein.

Der HTW-Rechner kommt auf einen Jahresertrag von 207 kWh, der EU-Rechner auf 222 kWh. Das sind knapp 7 Prozent mehr. Der EU-Rechner zeigt die Daten monatsgenau an. So ist gut zu erkennen, dass die erwartete Leistung im Frühjahr und Herbst größer sein wird als im Sommer, wenn die Hitze dem Solarmodul und dem Wechselrichter zusetzt. Der schwächste Monat soll der Dezember sein mit 10 kWh, der beste der April mit 25 kWh.

Der Vorteil des HTW-Rechners ist, dass der typische Stromverbrauch eines Haushalts hinterlegt ist und er deshalb ausrechnen kann, wie viel von meinem Solarstrom ich direkt verbrauchen würde. Dazu gebe ich noch an, dass ich derzeit 1200 kWh Strom jährlich benötige. Ergebnis ist ein Eigenverbrauch an Solarstrom von 138 kWh – das sind 67 Prozent des Ertrags der Anlage. Ich müsste also 12 Prozent weniger Strom als bisher aus dem Netz kaufen.

Nun kommen wir zur Amortisation. Als Strompreis setze ich 40 Cent je Kilowattstunde an. Außerdem stelle ich ein, dass dieser Preis voraussichtlich um 5 Prozent jährlich steigt – das ist der Maximalwert. Ich gehe davon aus, dass mich die Anlage 530 Euro kosten wird, da ich Module aus europäischer Produktion kaufen möchte, keine China-Ware. Für ein Befestigungssystem rechne ich noch 170 Euro hinzu. Von meinem Landkreis möchte ich eine Förderung von 100 Euro in Anspruch nehmen. Macht Gesamtkosten von 600 Euro. Als Laufzeit der Anlage gebe ich 20 Jahre an.

Das Ergebnis der Berechnung: Ich spare von jetzt an in den nächsten 20 Jahren durchschnittlich 92 Euro jährlich. Meinen Ökostrom vom Balkon

Ertragsrechner der HTW Berlin:
https://solar.htw-berlin.de/rechner/stecker-solar-simulator/

Die Forschungsgruppe Solarspeichersysteme an der Hochschule für Technik und Wirtschaft Berlin hat diesen leicht verständlichen Simulator speziell für Steckersolargeräte programmiert. Man kann Ausrichtung, Neigung und Modulleistung eingeben und verändern, um zu beobachten, wie sich das auf Ertrag und Ersparnis auswirkt.

Photovoltaic Geographical Information System der EU:
https://re.jrc.ec.europa.eu/pvg_tools/en/

Für diesen Onlinerechner muss man leider etwas Englisch können. Er ist zudem komplexer und nicht ganz so intuitiv zu bedienen, dafür berücksichtigt er viele Angaben wie die genaue Adresse der Solaranlage, den Typ der Solarzelle oder die gradgenaue Ausrichtung der Module.

Solarkataster der Bundesländer:

Viele Länder haben Online-Karten erstellt, mit deren Hilfe sich Ertrag und Wirtschaftlichkeit einer Solaranlage an einem konkreten Standort abschätzen lassen. Sie heißen Solarkataster, Solaratlas, Energieatlas oder ähnlich und sehen in jedem Bundesland unterschiedlich aus. In Hessen sind die dunkelroten Flächen besonders ertragreich, blaue bringen wenig. Allerdings ist die Bedienung der Website hakelig, die Daten sind schon Jahre alt (mein Haus, Einzug 2020, ist nicht zu finden), und eine Modulneigung von 90 Grad (senkrechte Montage) lässt sich auch nicht vorgeben.

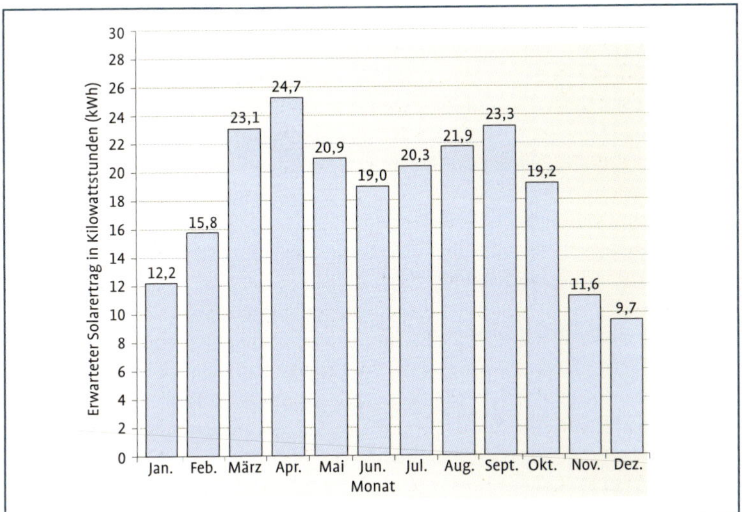

Der erwartete Ertrag meines Balkonkraftwerks (berechnet mit dem Photovoltaic Geographical Information System der EU)

erzeuge ich für knapp 22 Cent je Kilowattstunde. Die Investition von 600 Euro hätte sich also nach 9 Jahren rentiert. In vielen anderen Fällen dürfte es schneller gehen – etwa bei einem Strompreis von über 0,50 €/kWh. Und fürs Klima rechnet es sich auch, denn während der Laufzeit der Anlage vermeide ich einen Kohlendioxidausstoß von 654 Kilogramm.

Die Berechnung zeigt auch, dass eine größere Anlage mit zwei Modulen für meinen kleinen Haushalt finanziell keinen Sinn ergeben würde. Den Mehrertrag könnte ich kaum nutzen, hätte aber fast doppelt so hohe Kosten.

Berechnung für mein kleines Balkonkraftwerk mit dem Stecker-Solar-Simulator der HTW

Jährlicher Stromverbrauch:	1200 kWh	Jährliche Stromerzeugung:	207 kWh
Strompreis:	0,40 €/kWh	Eigenverbrauchsanteil:	138 kWh
Jährliche Preissteigerung:	5 Prozent	Nutzungsgrad:	67 Prozent
Solargerät:	Einzelmodul (300 Watt)	Selbstversorgung:	12 Prozent
		Jährliche Ersparnis:	92 Euro
Kosten:	600 Euro	Stromerzeugungskosten:	22 Cent je kWh
Ausrichtung:	Süden	Amortisationszeit:	9 Jahre
Neigung:	90 Grad		

Die Berechnung beruht natürlich auf Annahmen, die sich als falsch erweisen können. Vielleicht habe ich großes Pech, und mein Wechselrichter gibt auf, kurz nachdem die Herstellergarantie abgelaufen ist. Ich glaube aber, dass sich am Ende eine noch größere Ersparnis ergibt. Und zwar aus mehreren Gründen:

Erstens hat der HTW-Rechner im Vergleich zum EU-Rechner den Ertrag eher konservativ, also niedrig angesetzt. Zweitens glaube ich, dass der Preis für Netzstrom wegen der Inflation stärker steigen könnte als um 5 Prozent jährlich. Drittens gehe ich davon aus, dass meine Anlage, zumindest das Solarmodul, deutlich länger als 20 Jahre laufen wird. Das Modul hat eine Leistungsgarantie über 25 Jahre. Und viertens werde ich mein Verbrauchsverhalten anpassen, um den Eigenverbrauch des Balkonstroms zu erhöhen.

Wie kann ich die Ersparnis maximieren?

Wenn mein Balkonkraftwerk erst in Betrieb ist, werde ich ein paar Abläufe in meinem Alltag ändern, um das Maximum an Balkonstrom direkt zu nutzen. Das scheint mir ganz einfach zu sein.

Bisher habe ich abends nach dem Essen die Spülmaschine eingeräumt und sie gestartet, bevor ich schlafen ging. Am nächsten Morgen war das Geschirr sauber. Das war sehr praktisch, aber damit ist jetzt Schluss. Die Spülmaschine wird tagsüber laufen, wenn die Sonne scheint. Das Gleiche gilt für die Waschmaschine. Beide Geräte werden nur noch im Eco-Modus betrieben, das verlängert das Waschprogramm, reduziert aber den Stromverbrauch.

Ich habe schon in die Bedienungsanleitungen geschaut: Die Geräte haben eine Zeitvorwahl und lassen sich ganz einfach so einstellen, dass sie ein paar Stunden später starten. Ich werde sie tagsüber laufen lassen, wenn ich nicht zu Hause bin, und zwar nacheinander, um die Verbrauchskurve flach zu halten. Die Spülmaschine ab 11 Uhr und die Waschmaschine im Anschluss. Das harmoniert hervorragend mit dem niedrigen, aber stetigen Ertrag aus meinem Balkonkraftwerk.

Den ersten Cappuccino des Tages werde ich nicht schon um acht, sondern vielleicht erst um halb zehn trinken, damit auch dafür mehr Sonnenenergie verwendet werden kann. Und vielleicht koche ich demnächst öfters mal mittags statt abends. Auch mein Handy muss ich ja nicht erst laden, wenn es draußen schon dunkel ist und das Balkonkraftwerk keinen Strom mehr liefert. Mein Ziel lautet, mit dem Balkonkraftwerk und meinen Energiesparmaßnahmen auf einen Jahresstromverbrauch von unter 1000 kWh zu kommen.

Ich habe von vielen weiteren Ideen gehört, um Stromerzeugung und -verbrauch in Einklang zu bringen, zum Beispiel bei einer Gefriertruhe. Moderne Geräte sind so gut isoliert, dass sie tagelang ohne Strom auskommen können, bevor das Gefriergut auftaut. Sie kühlen dann allein durch die eingespeicherte Kälte. Mit einer Zeitschaltuhr könnte man diese Truhen so einstellen, dass sie nur während des Tages Strom bekommen. In der Nacht öffnet sowieso niemand die Tür, sodass auch keine Kälte entweichen kann. Beim Stromsparen ist die Fantasie grenzenlos.

Der Stromzähler und die drei Phasen

Im Internet begegnet mir immer wieder die Aussage, dass Geräte den Balkonstrom gar nicht nutzen könnten, wenn sie auf einer anderen Phase angeklemmt sind als das Steckersolargerät. Stimmt das?

Kurz zum technischen Hintergrund: In einer Steckdose gibt es immer eine Phase (auch Außenleiter genannt) und einen Nullleiter. Der Nullleiter ist geerdet, und wenn man ihn berührt, passiert: nichts. Wenn man jedoch die Phase berührt, ist man in Lebensgefahr.

Aus dem öffentlichen Stromnetz führen gleich drei Phasen in den Verteilerkasten des Hauses. Von dort nehmen sie unterschiedliche Wege. Die Steckdosen und Geräte im Haushalt sind nur an eine dieser drei Phasen angeklemmt, Großverbraucher wie ein Kochfeld womöglich auch an alle drei Phasen gleichzeitig.

Wenn nun das Balkonkraftwerk an einer Phase Strom einspeist und der Kühlschrank an einer anderen Phase Strom zieht, würde der Strom des Balkonkraftwerks durch den Stromzähler ins öffentliche Netz fließen, während gleichzeitig der Kühlschrank auf einer anderen Phase Strom aus dem Netz bezieht. Das ist jedoch nur der physikalische, technische Vorgang. Eine andere Sache ist es, wie der Stromzähler damit umgeht.

In Deutschland sind die Zähler saldierend. Sie erfassen Strom nicht phasenweise, sondern immer die Summe aller drei Phasen. Wenn gleichzeitig Strom aus dem Netz bezogen und ins Netz abgegeben wird, werden die einzelnen Ströme miteinander verrechnet. Balkonkraftwerke sparen also selbst dann Stromkosten ein, wenn sie auf einer anderen Phase einspeisen, als Verbraucher wie etwa der Kühlschrank Strom beziehen.

Darf's eine Nummer größer sein? Ausgewachsene aufgeständerte Solaranlage

Aufpassen muss ich bloß vor dem Rebound-Effekt. So nennen Wissenschaftler das paradoxe Phänomen, dass in Haushalten, in denen eine Photovoltaikanlage installiert wurde, danach mehr Strom verbraucht wird als in vergleichbaren Haushalten ohne Solar. Forscher vermuten, dass dahinter ein sorgloserer Umgang mit Energie stecken könnte, weil die Leute meinen, sie produzierten ja jetzt Ökostrom, und da käme es auf ein paar Kilowattstunden mehr oder weniger auch nicht an. Doch, kommt es! Denn Ökostrom vom Balkon kann es eigentlich nie genug geben – was nicht bei mir verbraucht wird, tut dann eben beim Nachbarn Gutes.

SICHERHEIT

Auf dem Weg zu meinem Balkonkraftwerk bin ich nun einen großen Schritt weiter. Ich weiß, welchen Ertrag ich erwarten kann und wann sich die Investition rentieren wird. Aber jetzt lese ich Irritierendes über Sicherheitsrisiken. Der VDE verteufelt vor allem eine Einspeisung des Stroms durch eine übliche Haushaltssteckdose. Er hat ein Bild veröffentlicht von einem Balkonkraftwerk, an dem der Schukostecker in Rot durchgestrichen ist. Der örtliche Stromnetzbetreiber schreibt mir dazu auf Anfrage, es bestehe „die Gefahr eines elektrischen Schlags, wenn man die Steckerstifte berührt". Und brandgefährlich soll es auch sein, Balkonstrom einfach so in einen Haushaltsstromkreis zu schicken. Da drohten Schwelbrände, weil Leitungen und Kontakte überlastet würden.

Ach du meine Güte. Ich will doch bloß ein bisschen zusätzlichen Strom produzieren, aber natürlich nicht, dass mir eines schönen Sommertages die ganze Bude abfackelt.

Wieder suche ich Rat bei Holger Laudeley. Der kriegt sofort Puls, als ich ihm all diese Bedenken präsentiere. Jahrelang habe er diesen Unsinn ertragen müssen. In einer großen Tageszeitung habe sogar mal gestanden, dass es sofort nach dem Einstecken des Steckers eines Balkonkraftwerks zu Explosionen und Verwüstungen kommen könne. Dabei hätten viele Untersuchungen nachgewiesen, dass die Gefahren maßlos übertrieben seien. Auch er selbst habe etliche Versuche gemacht, für die er sich schon fast schäme, weil von vornherein klar gewesen sei, dass es diese Risiken gar nicht gebe. „Wir haben das alles nur gemacht, um diesen Quatsch zu widerlegen. Wo sind denn die angeblichen Unfälle, die zeigen, dass Balkonkraft gefährlich wäre?"

Laudeley hält die Sicherheitsbedenken für vorgeschoben und für ein Produkt von Lobbyarbeit. Stromkonzerne und Netzbetreiber hätten kein Interesse an einer dezentralen Energieerzeugung durch Verbraucher, sagt er, weil sie gut am Verkauf und Transport von Strom durch ihre Netze verdienten. Daher versuchten sie, einen einfachen Einstieg in die Nutzung von Steckersolargeräten zu verhindern.

> „Der Betrieb vieler anderer Haushaltsgeräte wie Wäschetrockner, Bügeleisen und Toaster ist weitaus gefährlicher."
> – Thomas Seltmann

Auch andere Fachleute halten die Gefahren für aufgebauscht. „Versorger, Netzbetreiber und Behörden haben in der Vergangenheit mit Horrormeldungen vor der Nutzung der Geräte gewarnt", schreibt Thomas Seltmann, selbst Elektrofachkraft und zu Beginn meiner Recherche Referent für Photovoltaik der Verbraucherzentrale Nordrhein-Westfalen. „Diese Warnungen waren völlig übertrieben und basierten größtenteils auf unrealistischen oder auch falschen Annahmen." Inzwischen lägen wissenschaftlich fundierte Studien vor, die keine wesentlichen Gefahren aufzeigen.[3]

Dies war der Stand von 2017. Aber die Verunsicherung der Verbraucher hält an. Das zeigen die vielen Nachrichten irritierter Nutzer oder Interessenten, die die Deutsche Gesellschaft für Sonnenenergie (DGS) zu Balkonkraftwerken erreichen. Die DGS ist als Fachverband für Solartechnik auch eine anerkannte Organisation für die Belange des Verbraucherschutzes in diesem Bereich. Ihre Arbeitsgruppe PV plug hat selbst umfangreiche praktische Versuche unternommen, um die tatsächlichen Gefahren abzuschätzen. Die DGS schreibt: „Wir treten damit auf fachlich fundierter Basis für eine sachgerechte Herangehensweise ein, die dem Stand der Technik und den neuesten wissenschaftlichen Erkenntnissen entspricht. Und wir widersprechen damit Behauptungen, der Betrieb solcher Stecker-Solar-Geräte sei mit höheren Risiken behaftet als der Betrieb anderer üblicher Haushaltsgeräte. Das Gegenteil ist richtig. Dennoch werden Verbraucher mit irreführenden Informationen und bürokratischen Hürden von der Nutzung dieser haushaltsnahen Solar-Geräte abgehalten."

Jetzt bin ich neugierig geworden und möchte mir selbst ein Bild machen. Ich will genau wissen, um welche Sicherheitsbedenken es geht, und werde mich ausführlich mit Steckdosen, Leitungen, Sicherungen und Fehlerstromschutzschaltern beschäftigen. Schließlich will ich ruhig schlafen können, wenn ich mein Balkonkraftwerk anschließe, mit welchem Stecker auch immer.

Kriege ich am Stecker einen Stromschlag?

Über die Frage, durch welchen Stecker und welche Steckdose der Strom eines Balkonkraftwerks sicher ins Hausnetz eingespeist werden kann, ist ein heftiger Streit entbrannt. Auf einer Seite steht der VDE mit seiner Forderung, dafür „eine spezielle Energiesteckvorrichtung" zu verwenden, wenn das Gerät nicht fest angeschlossen wird. Auf der anderen Seite stehen Energiewendeaktivisten und Organisationen wie die DGS, welche die haushaltsübliche Schukosteckdose für ebenso geeignet halten, wenn die angeschlossenen Wechselrichter die vorgesehene Sicherheitsabschaltung gewährleisten. Und dazwischen stehen verunsicherte Verbraucher wie ich, die wissen wollen, wem sie glauben dürfen.

Der Schukostecker

Im Kern geht es um die Frage, ob die Kontakte des Schukosteckers gegen ein direktes Berühren mit den Fingern geschützt werden müssen. Er heißt übrigens auch Stecker Typ F und ist bald hundert Jahre alt. Aus ihm ragen zwei runde, blanke Metallstifte, und die stellen den Kontakt zur Steckdose über zwei Pole her. Zusätzlich gibt es oben und unten je einen blanken Metallkontakt für den Schutzleiter, der im Fehlerfall einen Fehlerstrom zur Erde ableiten kann.

Die Schukosteckdose (Schuko steht für „Schutzkontakt") ist das perfekte Gegenstück. Sie besitzt einen Kragen mit großer runder Öffnung, der den Stecker sicher hält, zwei Löcher für die Stifte sowie oben und unten je eine Metallklammer. Doppelt hält besser.

Wenn man den Stecker in die Dose einsetzt, eilt der Schutzleiter den anderen beiden Polen voraus, er bekommt also als Erstes Kontakt, und zwar über die beiden Metallklammern. Erst wenn man den Stecker tief in die Dose einschiebt, werden auch die beiden Stifte kontaktiert. Der Stromkreis ist nun geschlossen. Dabei verhindert der tiefe Kragen der Schukosteckdose, dass man mit den Fingern einen der beiden Stifte berühren könnte, solange diese Kontakt mit der Hauselektrik haben. Das ist schon ganz schön ausgeklügelt.

Schukostecker

Zieht man den Stecker wieder heraus, könnte man mit der Hand an die beiden Metallstifte fassen – sie sind jetzt nicht mehr gegen Berührung geschützt. Das Argument der Schuko-Kritiker lautet nun, dass hier eine Gefahr lauere. Das Steckersolargerät könne im Fehlerfall weiterhin Strom produzieren, und wenn man den Schukostecker herausziehe und an die Metallstifte komme, würde man dort einen Stromschlag bekommen.

Der Wielandstecker

Deshalb fordert der VDE die „spezielle Energiesteckvorrichtung". Eine Zeichnung im Anhang der entsprechenden VDE-Norm zeigt ein Produkt der Bamberger Firma Wieland. Der sogenannte Wielandstecker ist so aufgebaut, dass die Steckkontakte von einer Kunststoffhülle umgeben und dadurch gegen direktes Berühren abgeschirmt sind. Dieser Stecker passt nur in eine Wielanddose und kann nur mit einem Werkzeug wieder gelöst werden. Das System stellt also eine weitere Sicherheitsebene dar. Die Frage ist nur, ob die wirklich nötig ist und ob man für sie einige Nachteile in Kauf nehmen mag.

Denn die Wielandsteckdose müsste extra bezahlt werden und darf laut Gesetz auch nur von einer Elektrofachkraft installiert werden. Ich müsste also auf einen Elektriker warten und je nach Anfahrt mit Kosten zwischen 150 und 200 Euro rechnen. Da ich zur Miete wohne, müsste ich die neue Steckdose bei Auszug womöglich wieder kostenpflichtig entfernen lassen. Und in der neuen Wohnung ginge alles von vorne los. Meine ganze Kalkulation würde über den Haufen geworfen.

Muss meine kleine private Energiewende wirklich so teuer sein? Mit einem Schukostecker, der in jede Haushaltssteckdose passt, hätte ich all diese Kosten nicht. Aber ich rätsele noch: Wäre das auch sicher?

Wielandstecker

Festanschluss als Alternative

Ebenfalls vom VDE vorgesehen ist ein fester Anschluss des Kabels mittels einer Installationsdose, wie es sie in jedem Baumarkt gibt. Die sollte, da sie draußen montiert wird, gegen Regen, Feuchtigkeit (etwa durch Nebel) und UV-Strahlung geschützt sein. Sie dürfte allerdings auch nur von einer Elektrofachkraft installiert werden. Der Anschluss an einer Installationsdose ist weniger flexibel, aber etwas günstiger zu realisieren als eine Steckverbindung mittels Wielanddose.

Automatische Abschaltung des Wechselrichters

Viele Fachleute sagen: ja – wenn der Wechselrichter des Balkonkraftwerks einige Sicherheitsanforderungen erfüllt. Grundsätzlich speist er nur Strom ins Netz ein, wenn an seinem Stecker auch eine Spannung von 230 Volt mit einer Wechselstromfrequenz von 50 Hertz anliegt. Das merkt man, wenn man so ein Gerät zum ersten Mal einsteckt. Dann passiert nämlich eine ganze Zeit lang: nichts. Das Gerät muss sich erst mit dem Netz synchronisieren. Nach dem Einstecken in die Steckdose kann das mehrere Minuten dauern. Erst danach beginnt die Einspeisung, und die Leistung steigt auch nur ganz langsam. Wer ein Strommessgerät verwendet, kann dabei zugucken.

Es gibt auch Wechselrichter, die ein eigenes Netz bilden können, sogenannte Inselwechselrichter. Die werden dort verwendet, wo kein Stromanschluss besteht, in einem Wohnmobil oder einer abgelegenen Schrebergartenhütte zum Beispiel. In Inselwechselrichtern steckt aber eine aufwendigere und teurere Technik). Im Gegensatz dazu nützt ein Balkonkraftwerk leider nichts, wenn das öffentliche Stromnetz ausfällt. Denn dann schaltet sich der Wechselrichter ab. Das ist kein Fehler, sondern ein Sicherheitsmerkmal: Eine Inselbildung soll gerade ausgeschlossen werden.

Netzgekoppelte Photovoltaik-Wechselrichter müssen sich selbst abschalten, wenn sie vom Stromnetz getrennt werden, und zwar innerhalb von 0,2 Sekunden. Der sogenannte Netz- und Anlagenschutz (NA-Schutz) ist in der Anwendungsregel VDE-AR-N 4105:2018-11 festgelegt. Er soll schädliche Rückwirkungen aufs Stromnetz verhindern und funktioniert auch, wenn der Stecker abgezogen wird. Der Verkäufer sollte auf Anfrage auch einen Konformitätsnachweis vorlegen können, der besagt, dass der Wechselrichter diesen unverzichtbaren NA-Schutz erfüllt. Das ist aber noch nicht alles. Zusätzliche Sicherheitsanforderungen ergeben sich aus den Normen DIN EN 62109-1 (VDE 0126-14-1) und DIN EN 62109-2 (VDE 0126-14-2), die jeder Wechselrichter erfüllen muss.

Im Internet gibt es Videos, in denen sich Besitzer eines Balkonkraftwerks den Stecker an die Zunge halten, um zu beweisen, dass die automatische Abschaltung funktioniert. Das ist nicht wissenschaftlich, aber anschaulich.

Doch ein Stromschlag

Noch während ich die verschiedenen Studien zum Thema durcharbeite, höre ich im Bekanntenkreis von einem Balkonkraftwerkbesitzer, der am Wechselrichter doch einen Stromschlag bekommen haben will. Wie kann das denn nun sein?

Ich schreibe ihn an: Ist das richtig? Er antwortet mir: „Ja, das stimmt. Ich habe den Stecker gezogen und nach ein paar Sekunden, vielleicht zehn, die Kontakte angefasst. Da gab es einen kurzen Schlag."

Tatsächlich gibt es auch ein Youtube-Video, in dem ein Typ so etwas mit einem Messgerät nachstellt. Er trägt eine Tarnhose und ein schwarzes T-Shirt mit der Aufschrift „KrawallBrüder". In seinem Experiment fliegen ein paar Funken, als er den Stecker des Balkonkraftwerks aus der Steckdose zieht und sofort an ein Metallstück hält. Die Nadel seines analogen Messgeräts schlägt kurz, aber heftig aus. Das funktioniert allerdings nur bei einem bestimmten Wechselrichtermodell. Jetzt bin ich völlig verwirrt: Kann man hier doch einen Stromschlag bekommen und wenn ja, warum?

Ich rufe bei Holger Laudeley an. Der sagt, dass die meisten Wechselrichter heute keinen mechanischen NA-Schutz mehr hätten, bei dem die Verbindung durch ein Relais sofort physisch getrennt wird, sondern dass der NA-Schutz elektronisch umgesetzt werde. Das hat wohl auch den Vorteil, dass die Geräte kompakter gebaut werden können. Nun kann es wohl vorkommen, dass der NA-Schutz zwar abgeschaltet hat, dass aber noch eine Restspannung im Gerät vorhanden ist. Das komme etwa auch bei Haushaltsgeräten vor, in denen Kondensatoren verbaut sind. Der Stromschlag, den man daran bekommen könnte, sei aber nicht bedrohlich. Tatsächlich schreibt mir derselbe Bekannte, der von dem Schlag am Wechselrichter berichtete: „Ähnliche Schläge habe ich schon am Stecker eines alten Mixers bekommen."

Was ich bisher nicht wusste: Auch am Stecker eines Staubsaugers kann man einen gewischt kriegen, wenn man ihn im laufenden Betrieb abzieht und anfasst. Hier liegt es daran, dass im Staubsauger ein Elektromotor arbeitet, der nachläuft: Jeder Elektromotor ist auch ein Generator, der Strom erzeugen kann – deswegen kann ein Elektroauto, das bergab fährt, mit dem Motor Energie zurückgewinnen (und in der Batterie speichern). Zieht man also im laufenden Betrieb eines Staubsaugers den Netzstecker, läuft dessen Motor nach und erzeugt als Generator eine Spannung, die dann am Schukostecker anliegt. Es hat aber noch niemand deswegen eine große Debatte über die Sicherheit von Staubsaugern losgetreten.

Besuch beim VDE

Warum aber stemmt sich der VDE so vehement gegen den Schukostecker für Balkonkraftwerke? Ich will es herausfinden und fahre nach Offenbach. In der VDE-Zentrale treffe ich Alexander Nollau, den Abteilungsleiter Energy in der Deutschen Kommission Elektrotechnik Elektronik Informationstechnik (DKE). Die DKE ist die vom VDE getragene staatlich anerkannte Organisation für elektrotechnische Normung. Während ich im Foyer warte, fällt mir das Mitgliedermagazin des Vereins in die Hände. In einem Beitrag über „Klimaretter im Haus“ heißt es, das Potenzial von Photovoltaikanlagen sei noch „nicht ausgeschöpft“. Das gilt allerdings auch für den VDE-Komplex im Offenbacher Gewerbegebiet mit seinen riesigen Dachflächen. Da wäre noch viel Platz für Solarmodule.

Nollau sagt, dass der VDE 1893 gegründet wurde mit dem alles überragenden Ziel, dass niemand einen elektrischen Schlag bekomme. Die Normungsexperten wollten „den bestmöglichen Schutz für alle, und zwar hundertprozentigen Schutz und nicht weniger“. Der Netz- und Anlagenschutz des Wechselrichters biete aber keinen ausreichenden Schutz gegen einen Stromschlag. „Wir müssen auch den Fehlerfall bedenken, wenn der NA-Schutz ausfällt.“ Das könne je nach Aufbau des Gerätes womöglich durch einen Softwarefehler passieren und dazu führen, dass an den Steckerstiften eben doch eine gefährliche Spannung anliege.

Außerdem verhindere eine spezielle Einspeisesteckdose auch, dass Anwender mehrere Balkonkraftwerke in einer Mehrfachsteckdose zusammenschließen, so Nollau. „Wir sind für Steckersolargeräte, aber jeder soll sie sicher betreiben können. Die Geräte werden immer beliebter, und dann werden sie auch Anwender nutzen, die vielleicht gar nicht so versiert sind.“

Mit anderen Worten: Man will auch eine Fehlbedienung ausschließen durch Leute, die sich überhaupt keinen Kopf machen und leichtsinnig handeln. Die vielleicht beim Kindergeburtstag auf dem sommerlichen Balkon fünf Waffeleisen und zwei Balkonkraftwerke in einer Mehrfachsteckdose zusammenschließen, sodass die Leitungen überlastet werden könnten.

Eine hundertprozentige Sicherheit für alle in jeder erdenklichen Situation zu schaffen, halte ich grundsätzlich für ein honoriges Ziel, aber für ein unerreichbares. Man kann ja auch nicht ausschließen, dass jemand zu Hause eine billige Mehrfachsteckdose anschließt mit dünnen Leitungen, die schon mit weit weniger als fünf Waffeleisen überlastet wären. Und muss man deshalb gleich den Schukostecker verteufeln, oder reicht nicht ein deutlicher Warnhinweis am Stecker? Es gibt auch Leute, die von einer Leiter stürzen, weil sie die nicht sicher aufgestellt haben, und sich dabei schwer verletzen. Deshalb kommt auch niemand auf die Idee, Leitern zu verbieten.

Mir scheint, dass das eine endlose Diskussion ist und man sich am Ende doch nicht einigen kann, wie viel Sicherheit nun eigentlich genug ist, weil auch die Sicherheitsbedürfnisse der Menschen unterschiedlich sind. Es ist doch wie beim Tempolimit. Viele halten es für verrückt, dass man mit 200 Sachen über die Autobahn rasen darf, andere sähen sich in ihrer Freiheit eingeschränkt, wenn das verboten würde. Manche fordern ein Tempolimit von 130 km/h, anderen wäre selbst das noch zu schnell. Wo liegt nun die „richtige“ Höchstgeschwindigkeit, der beste Kompromiss zwischen Sicherheit und Alltagstauglichkeit? Auch darüber wird es vermutlich nie einen Konsens geben.

Der Unterschied zwischen dem Tempolimit und der Steckerdebatte ist: Im Straßenverkehr geht es tatsächlich um Menschenleben, jedes Jahr. Bei Balkonkraftwerken hingegen will man einer Gefahr begegnen, die bisher ziemlich abstrakt ist. Auch der VDE konnte auf Nachfrage nicht einen Fall nennen, in dem es wegen eines Schukosteckers an einem Balkonkraftwerk einen gefährlichen Unfall gegeben hätte. Und das bei inzwischen hunderttausenden verkauften Geräten allein in Deutschland. Vielleicht liegt es auch daran, dass der Verband neuerdings andere Töne anschlägt und den Schukostecker nun doch dulden will.

Wird die Hauselektrik überlastet?

Neben dem Stecker gibt es noch eine andere Frage, die mich umtreibt: Was macht es mit meiner Hauselektrik, wenn ich quasi von der anderen Seite nochmal ein paar hundert Watt da reinschicke? Ist das noch sicher?

Laut einer Veröffentlichung des Instituts für Schadenverhütung und Schadenforschung der öffentlichen Versicherer e. V. (IFS) ist Strom die häufigste Brandursache. Auf Basis seiner Schadensdatenbank hat das Institut 2015 ermittelt, dass durch Elektrizität etwa 33 Prozent der Brände verursacht werden. Davon wiederum entfallen 55 Prozent auf Elektrogeräte und knapp 30 Prozent auf die Elektroinstallation, also jene Komponenten, die im Haus fest verbaut sind. Als Brandursache bei der Installation in Betracht kommen vor allem überlastete Leitungen oder schlechte Kontakte.

Leitungen

Ich lerne, dass die Stromleitungen in einem Haushalt für eine bestimmte Höchstlast ausgelegt sind. Denn der durchfließende Strom erzeugt Wärme durch Widerstand. Starke Wärme führt dazu, dass der Widerstand noch größer wird und sich die Leitung noch weiter erwärmt, womöglich über einen kritischen Punkt hinaus. Man spricht von thermischer Überlast. Ohne Schutzvorkehrung würde es gefährlich: Zu heiße Kabel dünsten gesundheitsschädliche Gase aus, dann entsteht ein Schwelbrand. Wir reden hier aber von Temperaturen von deutlich mehr als 100 Grad.

Leitungsschutzschalter

Um einen Schwelbrand zu verhindern, werden Leitungsschutzschalter verwendet, und zwar für jeden Stromkreis einer. Man nennt sie auch Sicherungsautomaten oder umgangssprachlich einfach: Sicherung. Sie sind an einer zentralen Stelle im Sicherungskasten verbaut und schalten den Stromkreis ab, wenn die Belastung eine kritische Schwelle überschreitet. Dann muss man den Schalter erst von Hand umlegen, damit wieder Strom fließen kann.

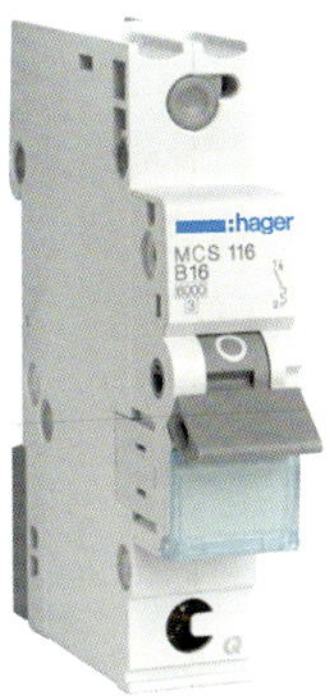

Leitungsschutzschalter mit 16 A

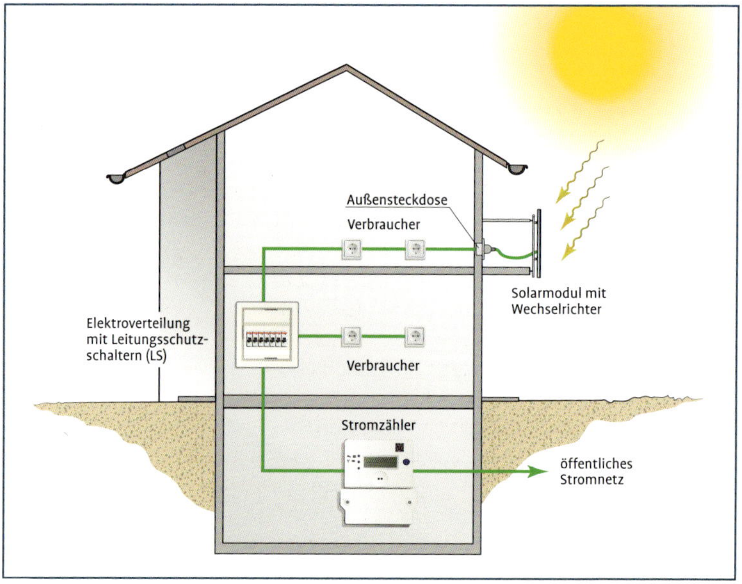

Einspeisung aus einem Balkonkraftwerk in einen Endstromkreis

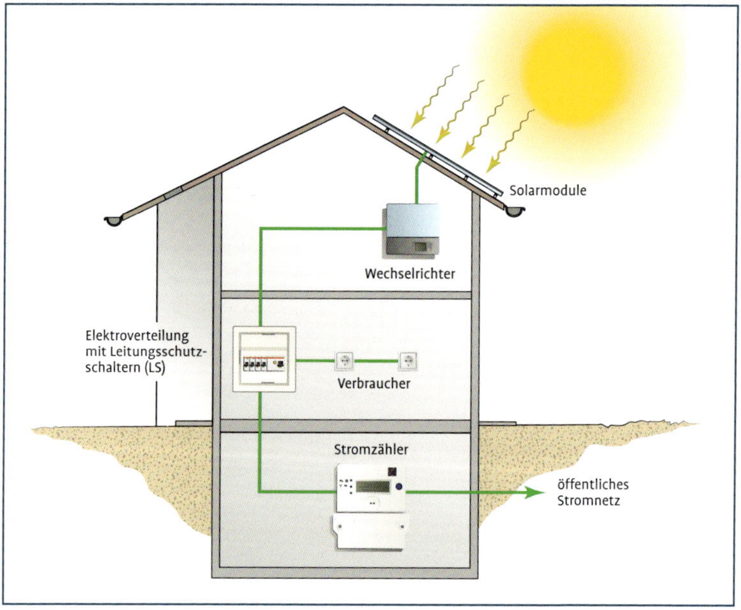

Einspeisung aus einer typischen Solaranlage in den Versorgungsstromkreis

Wenn ein sehr hoher Strom fließt wie bei einem Kurzschluss, löst der Leitungsschutzschalter sofort aus. Er schützt den Stromkreis aber auch vor einer schleichenden Überlastung durch zu viele angeschlossene Verbraucher. Wo diese Schwelle liegt, richtet sich nach dem Leitungsquerschnitt und danach, wo die Leitung verlegt ist.

In Deutschland haben Leitungen gewöhnlich einen Querschnitt von mindestens 1,5 Quadratmillimetern und sind laut Norm mit 16 Ampere abgesichert. In so einem Stromkreis dürfen Verbrauchsgeräte mit einer Leistung von insgesamt 3680 Watt betrieben werden. In einer wärmegedämmten Leichtbauwand dürfte dieselbe Leitung mit nur 13 oder 10 Ampere abgesichert werden, denn die entstehende Wärme würde viel langsamer abgeführt. Diesem Umstand muss die Sicherung gerecht werden.

Steigt die Leistung (und damit der Stromverbrauch) aller im Stromkreis betriebenen Geräte über diesen typischen Wert von 16 Ampere, würde der Leitungsschutzschalter den Stromkreis abschalten. Für Nerds und Technikfreaks sei noch kurz gesagt, dass es darüber hinaus noch eine Toleranz gibt und auch bei noch höheren Strömen erst mit Verzögerung abgeschaltet wird. Das richtet sich nach der Charakteristik des Leitungsschutzschalters, aber das würde hier zu weit führen. Spezialwissen ist auch nicht notwendig, um die Grundaussage zu verstehen: Dieses Schutzkonzept greift bei einer zusätzlichen Stromeinspeisung durch ein Steckersolargerät grundsätzlich nicht, denn dessen Strom fließt ja durch eine Steckdose ein und damit gar nicht über den Leitungsschutzschalter im Sicherungskasten.

Versorgungs- und Endstromkreise

In der Hausinstallation wird unterschieden zwischen Versorgungs- und Endstromkreisen. In den Versorgungsstromkreisen wird Strom aus einer Stromquelle zur Verfügung gestellt, zum Beispiel aus einer großen Photovoltaikanlage auf dem Dach. Der dort erzeugte Sonnenstrom würde zunächst in so einem Stromkreis bis zum Sicherungskasten fließen, von wo aus er auf anderem Wege an die Verbraucher gelangt, etwa zum Herd oder zu den Steckdosen. Das übernehmen Endstromkreise (oder Verteilerstromkreise).

Nun wird ein Balkonkraftwerk aber in die Außensteckdose auf dem Balkon

Watt, Ampere und Volt umrechnen

Um die Angaben von Stromstärke – gemessen in Ampere (A) – und Leistung – gemessen in Watt (W) – umzuwandeln, hilft diese Formel:

Spannung (V) x Stromstärke (A) = Leistung (W)

Beispiel: Sie haben ein Verbrauchsgerät mit 1200 Watt Leistung und wollen wissen, welcher Strom fließt. Die Netzspannung beträgt 230 Volt. Also teilen Sie die Leistung (1200 W) durch die Spannung (230 V) und erhalten als Ergebnis: 5,2 Ampere.

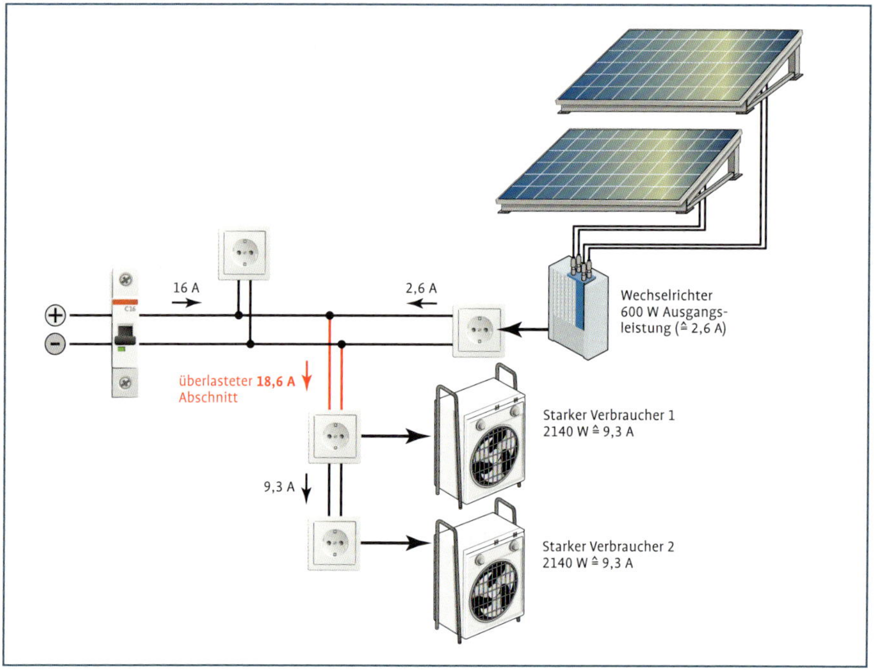

Mögliche Überlastung des Stromkreises durch ein Balkonkraftwerk

eingesteckt und damit in einen Verbraucherstromkreis. Doch der Leitungsschutzschalter im Sicherungskasten kann nur den Strom messen, der durch ihn hindurchfließt. Dass an einer anderen Stelle in dem Stromkreis noch zusätzlich eingespeist wird, erkennt er nicht. Kritiker monieren, dass auf diese Weise der Leitungsschutz ausgehebelt werde und das Überlastungsrisiko steige. Das finde ich grundsätzlich nachvollziehbar. Allerdings frage ich mich, wie groß das Problem in der Praxis tatsächlich ist. Außerdem finde ich verschiedene Maßnahmen, ihm zu begegnen.

Überlastung in der Theorie

In der Theorie könnte man ohne Weiteres eine Situation konstruieren, in der ein gemischter Stromkreis mit verschiedenen Verbrauchern und einem Erzeuger teilweise über das in Normen zugelassene Maß überlastet wird: Draußen ist es kalt, aber die Sonne knallt senkrecht auf die Solarmodule, das Balkonkraftwerk liefert die volle Leistung von 600 Watt (das entspricht 2,6 Ampere), und ein Anwender betreibt im selben Stromkreis zwei Heizlüfter, deren Leistung er genau so regelt, dass sie jeweils 2140 Watt bringen (das entspricht einem Strom von 9,3 Ampere). Zusammen sind das 4280 Watt (18,6 Ampere). Außerdem hängen die beiden benutzten Steckdosen zufälligerweise an ein

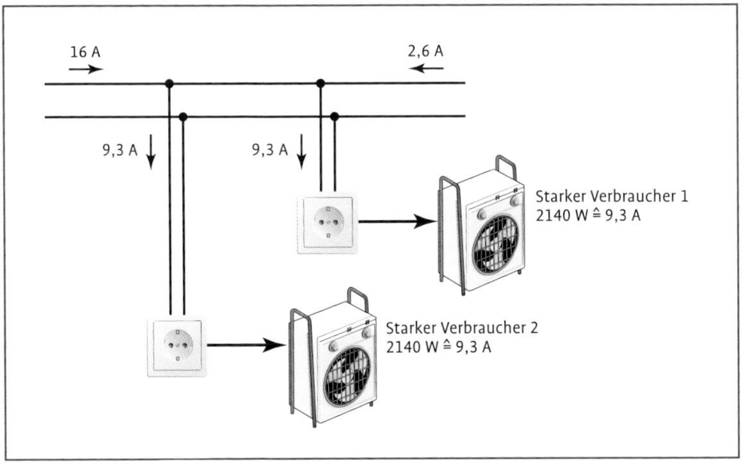

Keine Überlastung des Stromkreises durch ein Balkonkraftwerk

und derselben Stichleitung der Hausinstallation, wie in der Grafik dargestellt.

Die beiden Heizlüfter bekommen nun zusammen 2,6 A Strom (ich kürze „Ampere" der Einfachheit halber ab) aus dem Balkonkraftwerk, und weil das nicht reicht, ziehen sie zusätzlich 16 A Strom aus dem Netz. Das macht zusammen 18,6 A. Weil die Leitungen aber nur für 16 A ausgelegt sind, wäre auf der Stichleitung zu den beiden Steckdosen mehr Strom unterwegs als vorgesehen, sie wäre – jedenfalls der Norm nach zu urteilen – überlastet. Und der Leitungsschutzschalter würde nicht auslösen, denn er misst ja bloß 16 A, die durch ihn fließen. Wie gesagt: Es ist nur die Stichleitung betroffen, alle anderen Leitungen führen keinen zu hohen Strom.

Überlastung in der Praxis

Diese konstruierte Überlastungssituation dürfte in der Praxis kaum lange anhalten oder gar nicht erst eintreten. Regelt der Anwender auch nur einen der beiden Heizlüfter höher, würde die Sicherung rausfliegen, weil nun mehr als 16 A aus dem Netz gezogen und durch den Leitungsschutzschalter fließen würden. Auch wenn sich eine Wolke vor die Sonne schiebt und die Leistung des Balkonkraftwerks zurückgeht, würde mehr Strom aus dem Netz angefordert – der Leitungsschutzschalter würde ebenfalls auslösen.

Und dann kommt es auch noch auf die genaue Verkabelung der Steckdosen im Haushalt an. Hätte der Anwender eines der beiden Heizgeräte an eine andere Steckdose angeschlossen wie in der zweiten Grafik, wäre von vornherein gar keine Leitung überlastet.

In der Hausinstallation gibt es Reserven. Kurzfristige leichte Überlastungen sind durchaus in Ordnung, und man kann sich fragen, wie groß die Gefahr einer angenommenen Überlast eines Leitungsabschnittes durch ein Balkonkraftwerk wirklich ist. Genau dieser Frage hat sich die DGS gewidmet. Im Rahmen eines Forschungsprojekts hat der Verein auf die Kritik an Steckersolargeräten mit einer umfangreichen Untersuchung reagiert. Getestet wurden vor allem sehr alte Installationen, teils aus den Fünfzigerjahren, auch solche mit Aluminiumleitungen, wie sie oft in der DDR verbaut wurden. Das gilt als Worst Case, als schlimmster anzunehmender Fall. Das Team kam zu dem Schluss, dass der zusätzlich eingespeiste Balkonstrom die Kabel zwar messbar erwärmt, dass man damit aber nicht in einen kritischen Bereich kommt. [4]

Und auch eine Simulation von Leitungsbelastungen des Photovoltaik-Instituts Berlin gibt Entwarnung. Das Institut schreibt in seinem Bericht: „Es zeigt sich (...), dass erst bei einem Stecker-Solar-Gerät mit einem Einspeisestrom ab 3,2 A die ersten kritischen Temperaturen erreicht werden können.“ 3,2 A entsprechen 736 Watt Leitung vom Balkon zusätzlich in einem komplett ausgelasteten Stromkreis. „Dagegen sind mit einem 2,6 A Stecker-Solar-Gerät bei keiner Einbausituation (über alle Häufungen und Umgebungstemperaturen) brandrelevante Temperaturen erreichbar.“ [5]

Noch mehr Sicherheit

Diese Untersuchungsergebnisse erleichtern mich. Und sie decken sich mit den Aussagen vieler Fachleute, dass bei einer Einspeisung von bis zu 600 Watt in der Spitze in der Regel keine Leitungsüberlastung droht. Außerdem wohne ich in einem Neubau, Erstbezug im Jahr 2020. Da kann ich sicher sein, dass die Elektrik nach den aktuellen Sicherheitsregeln verlegt und noch frisch und knackig ist.

Für alle, die noch mehr Sicherheit wollen, gibt es weitere Möglichkeiten, eine auch kurzfristige Belastung über die Norm hinaus auszuschließen:

Sicherung tauschen lassen

Man könnte für den gemischten Stromkreis mit Verbrauchern und einem Steckersolargerät die Absicherung reduzieren und den Leitungsschutzschalter mit 16 A gegen einen mit 13 A tauschen. Schon wäre eine zusätzliche Reserve von 3 A geschaffen – mehr als ausreichend sogar für ein 600-Watt-Balkonkraftwerk. Das ist der Lösungsvorschlag des VDE, und technisch ist er schon elegant. Jedoch hat die Sache einen Haken: Auch für den Tausch eines Leitungsschutzschalters müsste ein Elektriker anrücken, und als Mieter müsste ich die Änderung bei Auszug ebenfalls auf eigene Kosten rückgängig machen lassen.

Anders sähe es aus, wenn noch die alten Schraubsicherungen verwendet würden. Die darf man ohne Elektriker selbst ausdrehen und durch kleiner dimensionierte ersetzen. Allerdings wurden die Schraubsicherungen nicht ohne Grund durch Leitungsschutzschalter ersetzt. Wenn meine Hauselektrik schon einige Jahrzehnte auf dem Buckel hätte und es noch alte Schraubsicherungen gäbe, würde ich mal einen Elektrofachbetrieb mit einem E-Check beauftragen.

Einspeisestromkreis bestimmen

So stellen Sie fest, welche Steckdosen zusätzlich am Einspeisestromkreis hängen: Stecken Sie ein Verbrauchsgerät, etwa ein Radio, in die Steckdose, an der das Solargerät betrieben werden soll. Schalten Sie eine Sicherung nach der anderen aus, bis das Radio abschaltet. Markieren Sie diese Sicherung und schalten Sie sie wieder ein. Fahren Sie mit den anderen Sicherungen fort.

Sollte nur eine Sicherung das Radio abschalten, haben Sie den Stromkreis identifiziert. Sollten mehrere Sicherungen das Gerät abschalten, ist eine davon die Hauptsicherung und der anderen übergeordnet. Die Hauptsicherung erkennen Sie daran, dass Sie auch andere Stromkreise abschaltet. Die andere Sicherung ist dann die Sicherung des Einspeisestromkreises.

Nun schalten Sie alle Sicherungen bis auf die soeben identifizierte wieder ein und stecken das Radio nacheinander an die Steckdosen in der Nähe bzw. im selben Zimmer. Alle Dosen, die jetzt keinen Strom führen, hängen mit der (Balkon-)Steckdose zusammen.

In der Regel wird Ihnen die Suche durch eine Beschriftung im Sicherungskasten erleichtert. Dort müsste zu sehen sein, welcher Leitungsschutzschalter welche Steckdosen absichert. Allerdings kann man sich nicht immer darauf verlassen, dass die Beschriftung stimmt.

Separater Einspeisestromkreis

Ein Glück wäre es, wenn die zur Einspeisung auserkorene Steckdose separat abgesichert wäre, wenn es also in ihrem Stromkreis gar keine anderen Steckdosen gäbe. Denn dann bestünde von vornherein keine Überlastungsgefahr, und ich könnte diesen Punkt gleich abhaken. Bei Garagensteckdosen soll das oft der Fall sein. In meiner Wohnung hängt die Balkonsteckdose allerdings mit dem ganzen Wohnzimmer zusammen, also mit insgesamt elf weiteren Steckdosen.

Nachträglich einen separaten Einspeisestromkreis zu schaffen – das würde schwierig und teuer. Ich müsste dazu ein weiteres Kabel vom Balkon durch Wohnzimmer, Flur und Abstellkammer bis zum Sicherungskasten ziehen und, wenn es wie die anderen unter dem Putz liegen soll, dafür womöglich auch noch Wände aufstemmen. Das wäre ja irre. Aber in Ausnahmefällen mag es möglich sein, eine neue Leitung etwa durch einen stillgelegten Schornstein vom Dach bis zum Sicherungskasten zu führen. Der Anschluss wäre auf alle Fälle wieder eine Aufgabe für den Elektriker.

Steckdosen stilllegen

Wenn kein separater Einspeisestromkreis vorhanden ist, könnte man sich einen dadurch schaffen, dass man die anderen Steckdosen in dem Kreis außer Betrieb nimmt. Kindersicherung rein, abschließen, Hinweis draufkleben, fertig. Allerdings kommt das bei mir auch nicht infrage, denn ich brauche auch die Steckdosen im Wohnzimmer. Vielleicht nicht alle, aber doch die meisten.

Steckdosen markieren

Die meisten Wohnzimmersteckdosen in meinem Einspeisestromkreis sind unentbehrlich. Allerdings betreibe ich an ihnen nur Kleingeräte mit geringer Leistungsaufnahme. Dauernd angeschlossen sind der WLAN-Router, ein Netzwerkspeicher, Laptop, Monitor, Dockingstation, Telefon, Stereoanlage und eine Schreibtischlampe. Wie viel Reserve hätte ich also noch in der Leitung, bis die zulässigen 16 A erreicht wären?

Ich schaue mal in die Bedienungsanleitungen. Da steht nämlich etwas zur maximalen Leistungsaufnahme der Geräte. Hier meine Rechnung:

Tab. 3 Maximale Leistungsaufnahme meiner Geräte im Einspeisestromkreis

WLAN-Router	30 Watt
Netzwerkspeicher mit Festplatten	31 Watt
Laptop	wird über die Dockingstation versorgt
Dockingstation	180 Watt
Monitor	168 Watt
Telefon	10 Watt
Schreibtischlampe	11 Watt
Stereoanlage	17 Watt
Summe	**447 Watt**

Alle Geräte zusammen können demnach maximal 447 Watt aufnehmen. Das entspricht 1,9 A:

> 447 W : 230 V = 1,9 A

Und es ist reine Theorie. Um diese Leistungsaufnahme zu erreichen, müssten alle Geräte gleichzeitig auf Hochtouren laufen. Da das praktisch ausgeschlossen ist, enthält die Summe schon einen ordentlichen Sicherheitsaufschlag. An meinem Monitor etwa habe ich noch nie mehr als 34 Watt Leistungsaufnahme gemessen.

Bei 1,9 A Stromverbrauch durch Geräte verbleibt in meinem Einspeisestromkreis eine Reserve von

> 16 A (Absicherung) – 1,3 A (Balkonkraftwerk) – 1,9 A (Summe der Geräte) = 12,8 A
> 12,8 A x 230 V = 2944 W

Ich könnte demnach immer noch Geräte mit einer Leistung von fast 3000 Watt betreiben, ohne dass eine theoretische Überlastung eintreten würde. Das reicht locker für meinen Staubsauger (maximal 1000 Watt) oder eine ganze

Reihe von Kleingeräten. Zur Sicherheit könnte ich alle freien Steckdosen im Einspeisestromkreis mit einem Aufkleber markieren. Große Verbraucher wie Klima- oder Heizgeräte würde ich an diesen Dosen dann nicht betreiben – zumindest nicht, solange die Sonne scheint.

Automatischer Einspeisewächter

Es werden zurzeit auch technische Lösungen entwickelt, um eine Leitungsüberlastung sicher auszuschließen, weil der Balkonsolar-Boom geradezu danach schreit. So soll etwa ein Einspeisewächter den Stromkreis permanent überwachen und eine Einspeisung von bis zu 1800 Watt Solarstrom ermöglichen, sofern die Leitungsreserve ausreichend groß ist. Die ermittelt das Gerät selbstständig und regelt die Leistung des Wechselrichters entsprechend ab. Außerdem sollen dadurch eine Einspeisung ins öffentliche Netz und ein Zählertausch verhindert werden (siehe S. 65).

Technisch gesehen ist das bestimmt eine elegante Lösung, aber ich finde: Bei Steckersolargeräten bis 600 Watt braucht man eher keinen Einspeisewächter. Und wenn man sich gleich sechs Solarmodule aufs Dach schraubt, um in Spitzenzeiten auch mal 1800 Watt erzeugen zu können, wäre es doch schade, wenn diese Leistung ständig gedrosselt würde, um ja nichts ins Netz abzugeben. Der erzeugte Ökostrom ginge verloren. Da würde ich erstmal schauen, ob ich nicht doch eine separate Leitung legen oder den vorhandenen Stromkreis in einen Einspeisestromkreis umwandeln kann. Bei 1800 Watt installierter Leistung würde ich dann auch noch 150 bis 200 Euro für einen Elektriker zahlen. Das ist ja kein Balkonkraftwerk mehr, das man bei einem Umzug einfach so mitnimmt. Und der Einspeisewächter ist auch nicht gratis.

Kontakte

Eine größere Gefahrenquelle als überlastete Leitungen sind schlechte Kontaktstellen. Und der Leitungsschutzschalter hilft gegen sie leider nicht.

Verbindungen zwischen Kabeln und Schaltern werden bei Elektroinstallationen regelmäßig durch Klemmen, Stecker oder Pressverbindungen hergestellt. Nur durch dauerhaften und genügend hohen Druck sind diese Kontaktstellen gasdicht und leiten den Strom sicher. Mit der Zeit können jedoch Federn ausleiern und Schrauben sich lösen. Dann gelangt Sauerstoff an die Kontakte, und die Materialien oxidieren. Man spricht von Kontaktdegradation.

Durch sie steigt der Kontaktwiderstand und – wenn starker Strom fließt – auch die Temperatur. Ein Teufelskreis kann entstehen: Je höher die Temperatur, desto größer der Widerstand, desto weiter steigt die Temperatur. Irgendwann schmilzt das Kontaktmaterial. Dann lockert sich die Kontaktstelle noch weiter, und es besteht das Risiko, dass bei hoher Strombelastung sogar ein Lichtbogen entsteht. Der kann entflammbare Stoffe in der Umgebung entzünden und einen Brand auslösen. An regelmäßig hochbelasteten Kontakten in Haushalts- oder Mehrfachsteckdosen finden sich manchmal schon Spuren einer Verkohlung – wer die Dose mal ausbaut, wird sie entdecken.

Schukostecker nach jahrelangem Betrieb an einer Einbauspülmaschine mit 3 kW Nennleistung unter sehr hoher Last.

Wichtig zu wissen ist, dass Balkonkraftwerke hier keine besondere Gefahr darstellen. Die Gefahr geht allein von der Alterung der Elektroinstallation aus und steigt mit der Belastung. Ein Heizgerät mit 3000 Watt Leistung beansprucht die Kontaktstellen um ein Vielfaches mehr als ein Steckersolargerät mit bis zu 600 Watt.

Tatsächlich kann ein Balkonkraftwerk die Belastung der Kontaktstellen sogar reduzieren, denn diese wird innerhalb des Stromkreises besser verteilt. Nicht mehr der gesamte Strom fließt nun vom Sicherungskasten in das Endgerät, sondern nur noch ein Teil; der andere Teil kommt ja auf direktem Weg vom Balkonkraftwerk. Es werden also die Kontakte im Einspeisestromkreis gleichmäßiger belastet.

Sicherheitstipp: Vorsicht bei Mehrfachsteckdosen

Mit Mehrfachsteckdosen im Haushalt sollte man vorsichtig sein – aus vielen Gründen. Erstens kann die Zuleitung einen geringeren Kabelquerschnitt haben als die fest verlegten Leitungen der Hauselektrik und sich deshalb bei Belastung stärker erwärmen. Zweitens liegen die Steckerleisten oft mit den Steckdosen nach oben, sodass sie Staub und Schmutz über die Jahre geradezu einsammeln – und verschmutzte Kontaktstellen sind potenziell gefährlich, weil sie die Übergangswiderstände erhöhen.

Deshalb sollte man Mehrfachstecker sparsam einzusetzen, nach ein paar Jahren erneuern und nie fest in irgendwelche Schränke einbauen, wo man sie nicht mehr im Blick hat. Auf keinen Fall sollten mehrere Balkonkraftwerke in einer Steckerleiste zusammengesteckt werden. Eine Mehrfachsteckdose ist auch nicht geeignet, um damit die Entfernung vom Wechselrichter zur Einspeisesteckdose zu überbrücken. Sie ist auch nicht gegen Regen und Witterung geschützt. Im Außenbereich gelten besondere Anforderungen an Kabel und Leitungen.

Das Fraunhofer Institut für Solare Energiesysteme stellt in einer Untersuchung von 2016 zur Sicherheit von Kleinst-Photovoltaikanlagen fest, „dass schlechte Kontakte eine bedeutendere Brandursache sind als überlastete Leitungen. Dies spricht sogar für die Einspeisung in Endstromkreise – sofern eine Leitungsüberlastung ausgeschlossen ist –, denn dadurch werden Kontakte im Hauptstrompfad etwas entlastet.“

Was ist mit dem Fehlerstromschutz?

Neben dem Leitungsschutzschalter gibt es eine weitere Schutzeinrichtung: den Fehlerstromschutzschalter. Die beiden werden oft miteinander verwechselt, doch handelt es sich um zwei verschiedene Konzepte: Der Leitungsschutzschalter bewahrt die Leitung vor einer sofortigen Überlastung durch Kurzschluss und vor einer schleichenden Überlastung durch zu starke Verbraucher. Der Fehlerstromschutzschalter, auch FI-Schutz oder RCD (englisch: Residual Current Device) genannt, schützt uns Menschen vor einem elektrischen Schlag.

Und so funktioniert er: Der Strom fließt vom Hausanschluss durch den FI-Schutzschalter im Sicherungskasten zum angeschlossenen Gerät und von dort wieder zurück durch den FI-Schutzschalter. Bei einer Messung in diesem Schutzschalter heben die Ströme einander im Normalfall auf. Es fließt also genau so viel Strom aus dem Stromkreis zurück, wie hineingeschickt wurde. Nur im Fehlerfall entsteht eine Differenz.

Nehmen wir an, dass jemand ein defektes Kabel berührt, an dem ein Stück der Isolierung fehlt. Nun würde ein Strom durch den Körper der Person und das Erdreich abfließen. Man spricht vom Erdschluss, und der Strom, der den Körper durchfließt, bedeutet Lebensgefahr! Jetzt muss der Strom so schnell wie möglich abgeschaltet werden, jede Millisekunde zählt. Denn schon nach 100 Millisekunden (0,1 Sekunden) Kontakt mit der Stromleitung verkrampfen sich die Muskeln so sehr, dass man die Leitung gar nicht mehr loslassen kann. Nach 500 Millisekunden (einer halben Sekunde) setzt gewöhnlich bereits Herzkammerflimmern ein. Deshalb ist ein FI-Schutzschalter sehr sinnvoll. Er detektiert schnell, dass weniger Strom auf dem vorgesehenen Weg zurück-

Der FI-Schutzschalter

Ein FI-Schutz ist eine sinnvolle Sache. Hat Ihre Hauselektrik einen? Schauen Sie gleich einmal nach. In Ihrem Sicherungskasten müssten ein oder mehrere Geräte wie dieses zu sehen sein.
Bei dieser Gelegenheit können Sie den Schalter auch gleich einmal auf seine Funktion testen und die Prüftaste drücken. Nun wird ein Fehler simuliert, indem ein minimaler Strom über einen Widerstand abfließen kann, und der FI-Schutz muss auslösen. Anschließend muss man den Stromkreis wieder einschalten. Diese Prüfung sollte regelmäßig wiederholt werden.

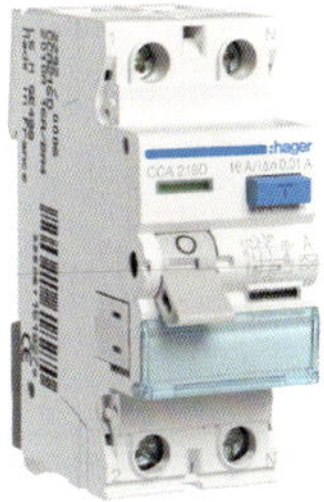

FI-Schutzschalter

fließt, als losgeschickt wurde, und schaltet den Stromkreis ab. Der FI-Schutz muss spätestens bei einem Fehlerstrom von 30 Milliampere auslösen, in der Praxis tut er das schon bei etwa 20 Milliampere. Die maximal zulässige Auslösezeit beträgt 0,4 Sekunden.

Theoretisch kann ein Balkonkraftwerk die Auslösezeit verlängern, denn es liefert ja Strom hinzu, der nicht durch den FI-Schutzschalter der Hauselektrik in den Stromkreis fließt. Das gilt genauso übrigens für einige andere Haushaltsgeräte mit Elektromotoren (Staubsauger) oder Kondensatoren (Waschmaschine, Trockner, Geschirrspüler). Kondensatoren funktionieren wie Zwischenspeicher für Strom: Wenn Geräte anlaufen, brauchen sie manchmal sehr viel Energie. Die können sie dann zum Teil aus dem Kondensator ziehen, was allzu hohe Lastspitzen im Stromnetz vermeidet.

Es gibt deshalb unterschiedliche Meinungen darüber, ob ein zusätzlicher FI-Schutzschalter nur für den Strom, den das Balkonkraftwerk liefert, sinnvoll wäre. Das ließe sich über einen Zwischenstecker mit integriertem FI-Schutz realisieren. Ich stelle mir das aber total unpraktisch vor, denn wenn man auch noch ein Energiemessgerät verwendet, steckt dann ein Zwischenstecker in einem zweiten, und das wird schon sehr unhandlich. Wetterfest muss die ganze Apparatur am Ende ja auch noch sein.

Manche Hersteller bieten spezielle Anschlussboxen für Balkonkraftwerke mit FI-Schutzschalter an. Es ist jedoch fraglich, wie groß der Nutzen tatsächlich ist.

Die Wechselrichter-Normen EN 62109-1 und -2 fordern, dass ein RCD vom Typ A (das ist der übliche Fehlerstromschutzschalter in Haushalten) nicht unzulässig beeinflusst werden darf. Sollte diese Anforderung nicht erfüllt werden, muss in der Betriebsanleitung auf die Notwendigkeit zur Installation eines anderen Fehlerstromschutzschalters (Typ B) hingewiesen werden. Untersuchungen an Wechselrichtern von drei Herstellern zeigen, dass der FI-Schutz in der Praxis rechtzeitig auslöst. Eine Studie des PI-Instituts für die DGS kommt zu dem Ergebnis:

> „Eine Beeinflussung des RCD [also des Fehlerstromschutzschalters] konnte nicht nachgewiesen werden."

Bei Installationen in Neubauten sind FI-Schutzschalter für Badezimmer bereits seit 1984 in den VDE-Normen vorgesehen. Aber erst seit Februar 2009 müssen auch andere Steckdosenstromkreise (unter ihnen Außensteckdosen) in Neubauten auf diese Weise überwacht werden. In älteren Elektroinstallationen ist die Wahrscheinlichkeit also hoch, dass es noch keinen FI-Schutz gibt. Für diese Anlagen gilt ein Bestandsschutz, den man durchaus bedenklich finden kann. Aber die gute Nachricht ist: Ein FI-Schutzschalter kann in der Regel ohne großen Aufwand durch einen Elektriker nachgerüstet und in der Hausverteilung platziert werden, sofern im Sicherungskasten noch Platz ist.

Zieht das Balkonkraftwerk Blitze an?

Klares Nein. Das ist ein Märchen. Grundsätzlich erhöht eine Solaranlage die Gefahr eines Blitzeinschlags nicht. Das wäre nur der Fall, wenn die Module den höchsten Punkt eines Gebäudes darstellen, also etwa auf einem Gerüst aufgeständert würden, das den Schornstein überragt.

In Normen oder Gesetzen vorgeschrieben ist ein Blitzschutz für private Solaranlagen auch nicht. Deswegen obliegt die Entscheidung allein dem Betreiber. Entscheidet er sich für einen Blitzschutz, wird dazu ein erhöhter Blitzableiter errichtet: eine geerdete Metallstange (Fangstange), die den Blitz „einfängt“, einfach weil sie sich ihm anbietet, und in die Erde abführt und damit Schaden vom Gebäude abwendet.

Schlägt ein Blitz in die Anlage ein, droht in erster Linie der Wechselrichter zerstört zu werden. Bei großen Anlagen werden allerdings auch große String-Wechselrichter verbaut, weshalb ein Schaden von mehreren Tausend Euro entstehen könnte. Das finanzielle Risiko bei einem Balkonkraftwerk ist ja deutlich geringer.

Wann ist ein E-Check sinnvoll?

Funktion und Sicherheit sind zwei verschiedene Paar Schuhe. Wenn die Elektrik auch nach Jahrzehnten noch funktioniert, heißt das nicht, dass sie auch noch dem aktuellen Stand der Sicherheit entspricht. Denn jede Elektroinstallation altert. Fachleute schätzen ihre Lebensdauer auf 30 bis 35 Jahre. In der Praxis kann eine Installation auch deutlich länger halten, aber nach dieser Zeit sollte man sich mal Gedanken machen und bei Bedarf sanieren. Zwei Drittel aller Installationen sind schon mehr als 40 Jahre in Betrieb, und viele sind nur teilerneuert. Da lohnt sich womöglich mal ein E-Check, bei dem problematische Leitungen und Kontaktstellen identifiziert werden können.

Stark belastete Stromleitungen und Bauteile altern schneller. Auch sind Schukosteckdosen nicht für hohe Dauerbelastung ausgelegt. Ein Elektroauto regelmäßig über Stunden mit 3600 Watt an der Haushaltssteckdose zu laden, ist keine gute Idee. Wer es trotzdem tut, sollte die Dose in kurzen Abständen prüfen und bei Bedarf tauschen lassen. Gefahr geht auch von verschmutzten Steckdosen aus. Staub und andere Ablagerungen können den Widerstand an Kontakten erhöhen und eine Überhitzung bewirken.

Die zuletzt beschriebenen Gefahren gelten allgemein und unabhängig davon, ob man ein Balkonkraftwerk in Betrieb nimmt. Die Essenz aller verfügbaren Studien ist ja, dass ein Steckersolargerät nicht gefährlicher ist als andere Haushaltsgeräte mit vergleichbarer Leistung. Deshalb finde ich es auch nicht nachvollziehbar, warum die Sicherheitsanforderungen des VDE an Balkonkraftwerke überaus streng sind, während etwa ein regelmäßiger E-Check in der eigenen Wohnung nicht vorgeschrieben ist.

RECHT

So wie es die Werbung versprach, dachte ich, ich hänge mein Solarmodul am Balkongeländer auf wie einen Blumenkasten und stecke das Kabel in die Steckdose – fertig. Ob ich das überhaupt darf, diese Frage stand für mich gar nicht zur Debatte. Wieso auch? Ich frage ja auch nirgendwo nach, ob ich eine Waschmaschine betreiben darf. Und die Energiewende soll doch vorangetrieben werden, oder etwa nicht?

Doch dann fallen mir einige Zeitungsartikel ins Auge. Ein Wohnungseigentümer hat auf dem leeren Flachdach eines Mehrparteienhauses zwei Solarmodule aufgestellt, in der Eigentümerversammlung Ärger bekommen – und alles wieder abgebaut. Ein Mieter in Stuttgart wurde von seiner Vermieterin verklagt – wegen einer Balkonsolaranlage. Und der VDE behauptet, Verbraucher dürften Steckersolargeräte gar nicht an üblichen Haushaltssteckdosen betreiben, und ohne Elektriker gehe bei der Installation sowieso nichts.

Je eingehender ich mich mit den rechtlichen Aspekten der Balkonkraftwerke beschäftige, desto schwammiger erscheint mir das Ganze. Eine riesige Grauzone tut sich auf. In den Gesetzen zum Energierecht geht es bisher allenfalls um große Photovoltaikanlagen – Balkonkraftwerke mit ein oder zwei Modulen kommen darin gar nicht ausdrücklich vor. Und Gerichtsurteile dazu gibt es auch noch nicht, von ein paar Entscheidungen zum Mietrecht einmal abgesehen. In Hamburg wird seit vielen Jahren ein Prozess geführt um ein einziges kleines Solarmodul, von dem der Netzbetreiber behauptet, dass es die Stabilität des Stromnetzes der Hansestadt gefährde.

Quasi nebenbei lerne ich im Laufe meiner Recherche, dass in Deutschland einige unverständliche Regeln die schnelle Energiewende behindern. So dürfen etwa nur Photovoltaikmodule ohne Sondergenehmigung verbaut werden, die nicht größer sind als 2 Quadratmeter. Warum das einmal so festgelegt wurde, kann heute anscheinend niemand mehr plausibel erklären. Aber die chinesischen Hersteller produzieren mittlerweile schon deutlich größere Module – ihnen ist es herzlich egal, welche Regeln man sich irgendwo im entfernten kleinen Deutschland ausgedacht hat.

Noch bis vor Kurzem mussten Besitzer von Photovoltaikanlagen deren Einspeiseleistung auf maximal 70 Prozent der Nennleistung begrenzen, wenn sie ihre Anlagen nicht vom Netzbetreiber fernsteuern und bei Bedarf abregeln lassen wollten. Das wäre jedoch teuer, denn dafür müsste erst ein Rundsteuerempfänger für mehrere Hundert Euro installiert werden. Von dieser sogenannten 70-Prozent-Regel im Erneuerbare-Energien-Gesetz (EEG) wären auch Balkonkraftwerke betroffen gewesen. Begründet wurde sie damit, dass ansonsten die Netzstabilität gefährdet wäre, wenn im Sommer zu viel Solarstrom eingespeist würde. Zum Januar 2023 wurde die Regel abgeschafft – und siehe da: Es geht auch anders.

Eine Grundsatzentscheidung

Meinen eigenen Strom zu produzieren, ist grundsätzlich erlaubt. Kompliziert wird es bei den Details. Wie muss ich das Gerät anschließen? Brauche ich einen Elektriker oder darf ich es selbst machen? Muss ich die Sicherung tauschen lassen? Darüber streiten die Fachleute. In einem Magazin für das Elektrohandwerk folgt auf einen „Faktencheck vom Normungsexperten" [6] kurz darauf ein „Faktencheck vom anderen Normungsexperten". Und der interpretiert die Bestimmungen ganz anders. Wem soll ich da bloß glauben?

Die Stromnetzbetreiber haben anscheinend ein gewichtiges Wort mitzureden, und die meisten von ihnen legen die Rechtslage sehr restriktiv aus. Wie der Photovoltaikexperte Thomas Seltmann schreibt, „ist es für normale Verbraucher nach wie vor häufig nicht ganz einfach, ihr Stecker-Solargerät bedenkenlos in Betrieb zu nehmen". Stattdessen würden der Anschluss „durch unverhältnismäßig strenge Vorgaben behindert und Verbraucher eher verunsichert". Das ist noch vornehm ausgedrückt. Ich halte mich nicht für einen, der auf den Kopf gefallen ist, aber zwischendurch bin ich nahe dran, das ganze Projekt hinzuschmeißen. Das tue ich dann aber doch nicht, sondern taste mich Schritt für Schritt durch den Regeldschungel.

Die Fährte, die VDE-Normen und Netzbetreiber vorgeben, lässt sich so zusammenfassen: Balkonkraftwerk grundsätzlich mit Elektriker, spezieller Einspeisesteckdose oder Festanschluss, Leitungsprüfung und eventuell neuem

Tab. 4 Zwei Wege zum Balkonkraftwerk

	Das sind die VDE-Regeln	**Das ist die Alternative**
Installation/ Inbetriebnahme	In der Regel mit Elektrofachkraft	Eigeninstallation
Schutz der Leitungen vor Überlastung bei der Einspeisung	durch separate Stromleitung bis in den Sicherungskasten oder Berechnung der Leitungsreserve und Tausch der Sicherung	bis 600 Watt in der Regel keine besonderen Schutzmaßnahmen
Verbindung zum Hausnetz	„spezielle Energiesteckvorrichtung" (gemeint ist wohl ein Wielandstecker) oder Festanschluss	haushaltsüblicher Schukostecker in Verbindung mit Sicherheitsfunktionen des Wechselrichters
Anmeldung beim Netzbetreiber	bis 600 Watt: Eigenanmeldung; mehr als 600 Watt: durch Elektrofachkraft	Eigenanmeldung, ggf. formlos per E-Mail
Stromzähler	Zweirichtungszähler	Bezugszähler mit Rücklaufsperre

Leitungsschutzschalter und einem Zweirichtungszähler. Da kämen einige Kosten und Komplikationen auf mich zu. Und genau deshalb ist dieses Regime auch verrufen als viel zu bürokratisch und übertrieben.

Die Deutsche Gesellschaft für Sonnenenergie (DGS), die Verbraucherzentralen und einige Energiewendeaktivisten vertreten den in der Tabelle aufgeführten alternativen Weg – dass man auch ohne Elektriker auskommen kann, bis 600 Watt Einspeiseleistung keine besonderen Maßnahmen für den Leitungsschutz treffen muss und mit dem Schukostecker in eine normale Haushaltssteckdose einspeisen darf. Allerdings muss das Steckersolargerät – genauer: der Wechselrichter – dafür einige Sicherheitsfunktionen erfüllen, vor allem die schnelle automatische Selbstabschaltung (siehe S. 38), wenn der Netzstecker gezogen wird.

Eine klare Mehrheit der Nutzerinnen und Nutzer hat sich offenbar für diesen alternativen Weg entschieden. Laut einer Befragung der Hochschule für Technik und Wirtschaft Berlin sind etwa 75 Prozent der verkauften Steckersolargeräte mit Schukostecker angeschlossen.

VDE-Normen

Noch nie habe ich mich so sehr mit technischen Normen beschäftigt wie auf meinem Weg zum Balkonkraftwerk, obwohl es in meiner Umgebung von Normen nur so wimmelt. Denn alle Geräte – vom Rasierapparat bis zur Kaffeemaschine, vom Handy bis zum Laptop – unterliegen bestimmten Normen, was nichts anderes bedeutet, als dass ihre Hersteller technische Mindeststandards befolgen. Für mich als Endkunden sind diese Normen so gut wie unsichtbar. Solange alles gut geht, ist das auch in Ordnung. Nur wenn ein Unfall passiert und die Frage aufgeworfen wird, ob der Hersteller für die Folgen haftet, werden diese Normen relevant.

Die allgemein anerkannten Regeln der Technik

In vielen Gesetzen des Energierechts lese ich von den „allgemein anerkannten Regeln der Technik". An ihnen führt kein Weg vorbei, sie müssen immer eingehalten werden, wenn eine Solaranlage errichtet wird. Was aber sind diese allgemein anerkannten Regeln der Technik (aaRdT) genau? Darüber schweigen sich die Gesetze aus, und das ist vermutlich auch richtig so. Sonst wären sie noch viel länger und gänzlich unlesbar.

Das Energiewirtschaftsgesetz (EnWG) enthält in § 49 (Anforderungen an Energieanlagen) bloß eine sogenannte Vermutungswirkung: „Die Einhaltung der allgemein anerkannten Regeln der Technik wird vermutet, wenn bei Anlagen zur Erzeugung, Fortleitung und Abgabe von (…) Elektrizität die technischen Regeln des Verbandes der Elektrotechnik Elektronik Informationstechnik e. V. (…) eingehalten worden sind."

Der VDE bekommt damit vom Gesetzgeber eine starke Rolle zugewiesen: Er kann Regeln aufstellen, die die Sicherheit von Anlagen positiv definieren.

Elektrofachbetrieben verschafft das Gewissheit für ihre tägliche Arbeit. Nehmen wir an, dass der Elektriker Ehmann dem Kunden Kunz eine Solaranlage installiert. Ein Jahr später brennt die Anlage ab, und Kunz verklagt Ehmann auf Schadenersatz, denn der habe geschlampt. Jetzt muss ein Gutachter klären, ob der Elektriker sich an die allgemein anerkannten Regeln der Technik gehalten hat, wie es das Gesetz verlangt. Wenn Ehmann alle VDE-Regeln befolgt hat, ist er damit aus der Haftung befreit. Man kann ihm nichts. Wäre er von den VDE-Regeln abgewichen, müsste er nun darlegen, dass er mit seiner Installation ein mindestens gleichwertiges Sicherheitsniveau erreicht hat. Das ist möglich, könnte aber aufwendig werden. Daher gehen Elektrofirmen solchen Risiken lieber aus dem Weg und folgen den VDE-Vorgaben.

Technische Normen sind keine Gesetze

Streng genommen ist nicht der VDE die Normungsorganisation, sondern die Deutsche Kommission Elektrotechnik Elektronik Informationstechnik im DIN und VDE (DKE), auch wenn auf der fertigen Norm am Ende „VDE“ oder „DIN VDE“ draufsteht. Und dann gibt es noch das Forum Netztechnik/Netzbetrieb im VDE (FNN), das zwar keine Normen, aber Anwendungsregeln und Hinweise herausgibt und über einen eigenen Mitgliederkreis verfügt. Aber das wäre ein Thema für ein zweites Buch. Es gibt in Deutschland sogar eine Norm darüber, wie Normen zu schreiben sind. Und dann müsste man noch Normen von Vornormen unterscheiden und so weiter. Da diese Details zu weit führen würden und für das, worum es uns hier geht, auch nicht relevant sind, erlaube ich mir hier und da ein paar Vereinfachungen.

Wenn also die VDE-Normen die allgemein anerkannten Regeln der Technik konkretisieren dürfen, so heißt das nicht, dass alternative Lösungen dadurch verboten wären. Das gilt übrigens auch für die zweite deutsche Normungsorganisation, das Deutsche Institut für Normung (DIN). Der Bundesgerichtshof entschied 1998 (Urteil „VII ZR 184/97“): „DIN-Normen sind keine Rechtsnormen, sondern private technische Regelungen mit Empfehlungscharakter. Sie können die anerkannten Regeln der Technik wiedergeben oder hinter diesen zurückbleiben.“

Technische Normen sind also keine Gesetze, und das ist ein bedeutender Unterschied. Man muss genau hinschauen, um zu verstehen, wer sich wann auf welche Normen berufen kann und wer ihnen folgen muss. Adressat der Normen sind in erster Linie Fachleute. Technische Laien könnten mit den meisten VDE-Normen auch nichts anfangen. Abgesehen davon, dass sie sie gar nicht ohne Weiteres einsehen können. Aber dazu später mehr.

Die elektrische Anlage

Wer nicht gleich eine Elektrofachkraft ist, gilt als elektrischer Laie und darf genau genommen nicht einmal eine Deckenleuchte anklemmen. Jedenfalls könnte man die Niederspannungsanschlussverordnung (NAV) so interpretie-

Nur von oben sichtbar: Solaranlage auf einem Blechdach

ren. Sie bestimmt, dass die elektrische Anlage nur durch ein Installationsunternehmen errichtet, erweitert oder geändert werden darf.

Was aber zählt zur elektrischen Anlage? Eine Definition finde ich in der NAV nicht. Unstrittig ist, dass zur elektrischen Anlage die fest installierte elektrische Gebäudeausrüstung gehört, also etwa Hausanschlusskasten, Leitungen und Leitungsschutzschalter sowie Steckdosen. Da die Deckenlampe fest mit der Hauselektrik verbunden ist, könnte man ihren Anschluss als eine Erweiterung der elektrischen Anlage sehen, zu der Laien nicht befugt sind. So vertreten es etwa Interessenverbände des Handwerks. Aus demselben Grund dürfen Laien auch nicht mal eben eine Steckdose auf ihrem Balkon setzen – egal ob Schuko- oder Wielanddose.

Für die elektrische Anlage gelten einige Auflagen. So müssen schädliche Rückwirkungen auf das öffentliche Netz ausgeschlossen werden. Der Netzbetreiber darf das überprüfen und die Beseitigung von Mängeln verlangen, bei erheblichen Störungen oder Sicherheitsmängeln sogar die Anlage stilllegen und den Anschluss abklemmen.

Missachten wir die NAV und arbeiten als Laien trotzdem an der elektrischen Anlage, droht uns zwar kein Bußgeld. Wenn aber das Haus abbrennt oder ein Mensch einen Stromschlag bekommt, haften wir dafür – sofern sich belegen ließe, dass wir grob fahrlässig gehandelt haben und der Unfall sonst nicht passiert wäre.

In der Praxis sieht alles ein wenig anders aus, und das ist ein offenes Geheimnis. Sehr viele Laien schließen Leuchten selbst an und manche sogar Kochfeld oder Backofen. Alle dazu notwendigen Teile führt jeder Baumarkt. Im Internet finden sich etliche Seiten, auf denen zunächst steht, dass es nicht erlaubt sei, dann aber prompt eine ausführliche Anleitung folgt, wie man es macht. Vermutlich würden viele Elektriker für Kleinkram wie eine Deckenleuchte nicht einmal zum Kunden rausfahren.

Richtig ist allerdings auch, dass es leider immer wieder mal zu Unfällen kommt, weil Menschen sich selbst überschätzen, die grundlegenden Sicherheitsregeln missachten oder anders gesagt: einfach Mist bauen. Selbstgebastelte Batteriebänke am Wechselstromnetz können Wohnungen in Brand setzen. Dann hat man tatsächlich ein Problem mit dem Gericht und der Versicherung. Aber im Zusammenhang mit Steckersolargeräten wird das Argument mit der Haftung auch dazu benutzt, um Angst zu schüren.

Für mich steht fest: Ein Balkonkraftwerk ist kein Teil der elektrischen Anlage, wenn es mit einem Stecker angeschlossen wird. Laut dem Fraunhofer Institut für Solare Energiesysteme sind Steckersolargeräte eher als „elektrische Betriebsmittel" einzuordnen – wie jedes andere Haushaltsgerät –, bloß dass der Strom eben nicht mehr aus der Steckdose kommt, sondern in sie hinein fließt. Der Steckdose macht es überhaupt nichts aus, ob sie zur Entnahme oder zur Einspeisung verwendet wird. Der Unterschied zum Verbrauchsgerät ist allein, dass ein Steckersolargerät sich schädlich auf das Stromnetz auswirken könnte, wenn es bei Unregelmäßigkeiten nicht abschaltet, sondern weiterhin ins Netz einspeist. Damit das nicht passiert, gibt es den Netz- und Anlagenschutz.

Die Anmeldung beim Netzbetreiber

Ich muss mein Balkonkraftwerk beim regionalen Netzbetreiber anmelden. So lese ich es überall. Aber was ist eigentlich die gesetzliche Grundlage dafür? Auf diese Frage habe ich bis heute keine zufriedenstellende Antwort bekommen.

Manche Netzbetreiber verweisen auf eine Anwendungsregel des Forum Netztechnik/Netzbetrieb (FNN) im VDE. Das FNN ist ein Zusammenschluss von mehr als 470 Unternehmen und Organisationen, vor allem von Netzbetreibern, aber auch Herstellern aus der Netztechnik, Messstellenbetreibern und Behörden. In dieser Organisation haben die großen Netzbetreiber das Sagen. An der Netzlänge hängen die Mitgliedsbeiträge und an denen die Stimmrechte. Wer mehr zahlt, dessen Stimme hat mehr Gewicht. Der DGS-Normungsexperte Ralf Haselhuhn kritisiert, dass bei der Ausarbeitung von FNN-Anwendungsregeln die Fachöffentlichkeit nicht genügend beteiligt werde. Er kämpft dagegen, dass diese Regeln überhaupt als VDE-Regeln publiziert werden.

Vor allem sind sie keine gesetzliche Grundlage für eine Anmeldepflicht. Der VDE verweist auch auf die Niederspannungsanschlussverordnung (NAV). Doch darin sind Stromerzeugungsgeräte wie Balkonkraftwerke nicht explizit aufgeführt, es ist bloß von Anlagen, Verbrauchsgeräten oder „Eigenanlagen" die Rede – was auch immer das sein soll. In § 19 Absatz 3 heißt es: „Vor der Errichtung einer Eigenanlage hat der Anschlussnehmer oder -nutzer dem

Netzbetreiber Mitteilung zu machen." Auf diese Bestimmung wird oft Bezug genommen, wenn es um Balkonkraftwerke geht. Die DGS hingegen schreibt: „Es ist bisher nicht abschließend geklärt, ob ein Steckdosen-Solarmodul eine Eigenanlage ist." Und vor allem lese ich in § 1 der NAV: Diese Verordnung „gilt nicht für den Netzanschluss von Anlagen zur Erzeugung von Strom aus Erneuerbaren Energien". Es ist zum Verrücktwerden, aber schon wieder befinde ich mich mitten in einem Wirrwarr von Aussagen.

Der Anmeldeprozess bei den Netzbetreibern war lange Zeit sehr komplex und bürokratisch. Sie verlangten das Formular E.8 (Inbetriebsetzungsprotokoll für Erzeugungsanlagen), das vom VDE vorgegeben wird. Es richtet sich aber gar nicht an Laien, sondern an Elektrofachkräfte. Alle anderen können kaum etwas mit den vielen Fachbegriffen von Spannungssteigerungsschutz bis Unsymmetriewert anfangen, die darin genannt werden. Auch ist das Protokoll E.8 für große Photovoltaikanlagen gedacht. Für sie sind Inbetriebnahmeprüfungen, Messungen und eine Anlagendokumentation vorgesehen. Für Balkonkraftwerke ist das eindeutig übertrieben.

2018 ermöglichte der VDE in seinem Regelwerk ein sogenanntes vereinfachtes Anmeldeverfahren für Anlagen bis 600 Watt Ausgangsleistung. Dabei zählt, was am Wechselrichter an Wechselstrom herauskommt und nicht, wie viel Watt-Peak die Solarmodule leisten. Dieses vereinfachte Verfahren ist nicht einheitlich geregelt, jeder Netzbetreiber legt die Details selbst fest und entwirft grundsätzlich eigene Formulare, die einander allerdings ähneln. Allen gemein ist, dass die Netzbetreiber darin keine Unterschrift einer Elektrofachkraft mehr verlangen. Ich kann die Anmeldung also selbst unterschreiben, und das hört sich schon mal gut an.

Den zuständigen Netzbetreiber finden

Viele Leute denken, dass Stromanbieter und Netzbetreiber identisch wären. Doch das stimmt nicht. Zwar sind sie oft unternehmerisch verbunden, aber sie müssen einen getrennten Geschäftsbetrieb unterhalten. Das soll sicherstellen, dass alle Energielieferanten Zugang in alle Netzgebiete bekommen.

Während die Stromanbieter also den Strom liefern, sind die mehr als 800 Netzbetreiber in Deutschland für den ordnungsgemäßen Zustand und Betrieb des Netzes verantwortlich, für den Anschluss der Verbrauchsstellen, die Instandhaltung der Leitungen und die Netzstabilität. Dafür zahlt der Energieversorger ein Entgelt, dessen Höhe die Bundesnetzagentur festlegt. Dieses Netzentgelt wird über den Strompreis auf die Endkunden umgelegt, also auf uns alle.

An jedem Ort gibt es nur *einen* zuständigen Netzbetreiber, der dort ein natürliches Monopol besitzt. Deshalb haben wir Stromkunden auch keine Auswahl.

Welches Unternehmen das lokale Netz betreibt, lässt sich auf der Website www.stoerungsauskunft.de ermitteln. Wählen Sie dort die Lupe aus (sie steht oberhalb des großen Buttons „Stromausfall melden") und geben Sie Ihre Postleitzahl ein.

Das Formular meines Netzbetreibers heißt „Anmeldung einer steckerfertigen Erzeugungsanlage bis max. 600 VA" – VA bedeutet hier: Watt. Ich finde es im Internet, und es hat zum Glück nur zwei Seiten, wobei die zweite komplett mit Datenschutzbestimmungen gefüllt ist. Auf Seite 1 werden erst mal meine Adresse und Kontaktdaten abgefragt, dann Daten zur Anlage, vor allem Standort, Leistung und ob ein Batteriespeicher integriert ist. Danach wird es kritisch.

Eigenverbrauch und EEG-Vergütung

Mein Netzbetreiber möchte nämlich, dass ich eine ganze Reihe von Zusicherungen unterschreibe, zum Beispiel diese: „Der erzeugte Strom wird ausschließlich selbst verbraucht. Für eventuell in das Netz eingespeisten Strom wird keine Vergütung gemäß den Fördergesetzen (EEG, KWKG) beansprucht." Ich muss das zweimal lesen, denn das ist doch widersprüchlich: Wenn ich den Strom tatsächlich, wie ich versichern soll, „ausschließlich" selbst verbrauche – was soll ich denn dann noch einspeisen?

Wie auch immer. Der Netzbetreiber verlangt von mir, auf eine Förderung nach dem Erneuerbare-Energien-Gesetz (EEG) zu verzichten. Eine andere Wahl habe ich in diesem Formular gar nicht. Aber das ist alles andere als zwingend, denn eine Förderung könnte ich sehr wohl beanspruchen.

Das EEG trat im Jahr 2000 in Kraft und soll den Ausbau von Energieerzeugungsanlagen aus regenerativen Quellen vorantreiben, also Windkraft- oder Solaranlagen. Das Gesetz legt eine feste Vergütung für Photovoltaikstrom fest, der ins öffentliche Netz eingespeist wird, und soll Anreize schaffen unter anderem für Privatleute, eine Photovoltaikanlage zu kaufen. Das hat lange Zeit funktioniert, allerdings liegt die Einspeisevergütung heute weit unterhalb des Marktpreises. Wenn man selbst erzeugten Solarstrom einfach seinem Nachbarn direkt verkaufen könnte, hätte man einen viel stärkeren Anreiz, mehr davon zu produzieren. Doch das ist leider in Deutschland nicht vorgesehen.

Der EEG-Vergütungssatz ist glücklicherweise gerade wieder angehoben worden, weil auch die Politik endlich gemerkt hat, dass man mehr für die Energiewende tun muss, als sie bloß mit warmen Worten zu preisen. Für eine Überschusseinspeisung bekommt man aktuell 8,2 Cent je Kilowattstunde. Diese EEG-Vergütung könnte ich auch für mein Balkonkraftwerk in Anspruch nehmen, und der Netzbetreiber müsste mir den Betrag auszahlen.

Mein kleines Balkonkraftwerk mit nur einem Modul wird jedoch nur wenig Überschussstrom erzeugen. Die Menge ist voraussichtlich so gering, dass sich der Abrechnungsaufwand dafür nicht lohnt. Laut dem Stecker-Solar-Simulator der HTW (siehe S. 31) wären das um die 69 Kilowattstunden jährlich. Das ergäbe 5,66 Euro. Aber durch meine Optimierungsmaßnahmen will ich eh mehr Balkonstrom selbst verbrauchen als berechnet und weniger einspeisen (siehe „Wie kann ich die Ersparnis maximieren?", S. 33f.). Ich habe keine Lust, mich wegen dieses Kleckerbetrags mit dem Netzbetreiber herumzuschlagen.

Für größere Balkonkraftwerke könnte die Kalkulation anders aussehen, zumal sich die Rechtslage zur Einspeisevergütung spürbar verbessert hat. Früher hing daran viel Bürokratie von Gewerbeanmeldung über Ertragsteuern bis zur regelmäßigen Umsatzsteuervoranmeldung. Man musste die EEG-Umlage auch auf eigenverbrauchten Strom zahlen, der Steuererklärung eine Anlage EÜR (Einnahmenüberschussrechnung) beifügen und konnte sich dabei nicht einmal vom Lohnsteuerhilfeverein beraten lassen (da es um eine unternehmerische Tätigkeit ging). Allein die deutlich höheren Kosten für den Steuerberater konnten die Einnahmen aus der EEG-Vergütung aufzehren. Zum Glück hat die Bundesregierung inzwischen nachgebessert: Die EEG-Umlage ist bereits entfallen, seit 2023 muss man auf den Solarertrag auch keine Einkommensteuer mehr zahlen, die Anlage EÜR ist überflüssig. Diese völlige Steuerfreiheit genießen Anlagen bis zu 30 Kilowatt-Peak.

Streit über den Stromzähler

Ich habe immer gedacht, dass „mein" Stromzähler auch mir gehört. Jetzt erfahre ich, dass das gar nicht stimmt und ich den Zähler bloß miete. Auf dem Gehäuse steht nämlich: „Eigentum des Messstellenbetreibers". Wer ist denn das nun wieder, der Messstellenbetreiber?

Früher haben die Netzbetreiber immer auch die Stromzähler betrieben und abgelesen. Das ist inzwischen liberalisiert worden, um mehr Wettbewerb zu ermöglichen. Der örtliche Netzbetreiber ist jetzt nur noch der „grundzuständige Messstellenbetreiber". Er ist nur dann für den Einbau, den Betrieb und die Wartung des Zählers zuständig, wenn der Kunde nicht selbst einen anderen Messstellenbetreiber gewählt hat. Das haben aber die wenigsten getan. Nur langsam drängen Firmen auf den Markt vor, die eine intelligente Strommessung mit Zusatzfunktionen anbieten. Dann kann der Kunde etwa in einem Onlineportal auf hübschen farbigen Kurven ganz genau seinen Strombezug sehen und sogar feststellen, welche Haushaltsgeräte überdurchschnittlich viel Strom verbrauchen (und durch neuere ersetzt werden sollten).

Allerdings haben einige Anbieter auch schon wieder das Handtuch geworfen oder das Privatkundengeschäft eingeschränkt, um nur noch Gewerbekunden zu bedienen. Dadurch ist ein Wechsel zurzeit nur schwer möglich.

Mein Netzbetreiber bietet mir auf seinem Anmeldeformular zwei Optionen zum Ankreuzen an: Gibt es einen anderen Messstellenbetreiber, soll ich diesen selbst über das Balkonkraftwerk informieren. Betreibt mein Netzbetreiber auch den Stromzähler, soll ich ihn damit beauftragen, „die Eignung des angegebenen Zählers zu prüfen" und ihn eventuell auszutauschen.

Hintergrund ist, dass ein alter Stromzähler mit Drehscheibe, ein sogenannter Ferrariszähler, womöglich rückwärts laufen würde, wenn mein Balkonkraftwerk mehr Strom erzeugt, als zur selben Zeit im Haushalt verbraucht wird. Das wäre rechtlich problematisch, denn dann würde eine schon erbrachte Leistung quasi spurlos rückabgewickelt. Die vom Stromlieferanten bereits gelieferte Strommenge würde unzulässig verringert, dem Staat würden

Stromzähler

Links: Analoger Ferrariszähler mit Drehscheibe
Mitte: Moderne Messeinrichtung mit einem Zählpunkt: Bezugszähler mit Rücklaufsperre
Rechts: Moderne Messeinrichtung mit zwei Zählpunkten: Zweirichtungszähler

die ihm zustehenden Steuern unterschlagen, und auch dem Netzbetreiber entginge ein Teil seiner Netzentgelte. Da kommt eine ganze Reihe von Tatbeständen in Betracht, derer ich mich schuldig machen könnte, von der Fälschung technischer Aufzeichnungen bis zur Steuerhinterziehung. Deshalb darf der Stromzähler nicht rückwärts laufen. Hat ein Anmelder eines Balkonkraftwerks noch so einen alten Zähler, der rückwärts dreht, müsste der Messstellenbetreiber diesen austauschen. So weit, so klar.

Nun stellen sich gleich drei Fragen: Was ist mit alten Zählern mit Rücklaufsperre, die also gar nicht rückwärts laufen können? Welche Art von Stromzähler wollen die Netzbetreiber bei einem Tausch eigentlich einbauen? Und wer trägt die Kosten dafür?

Die analogen Ferrariszähler gibt es nämlich auch in einer Version, die den eingespeisten Strom gar nicht erfasst. Die sogenannte Rücklaufsperre erkennt man an einem kleinen Symbol auf dem Gehäuse. Bei digitalen Bezugszählern, sogenannten modernen Messeinrichtungen (mME), ist die Rücklaufsperre sogar Standard. Ich habe bereits so einen digitalen Zähler und meine: Das reicht doch aus. Aber ich habe die Rechnung ohne meinen Netzbetreiber gemacht.

Der will mir nämlich einen sogenannten Zweirichtungszähler aufdrängen. In einer früheren Version des Anmeldeformulars sollte der Kunde den sogar explizit beauftragen. Jetzt soll ich den Netzbetreiber immerhin dazu auffordern, die Notwendigkeit eines Zählerwechsels zu prüfen. Auf Nachfrage er-

Symbole für Rücklaufsperre (oben) und Zweirichtungszähler

fahre ich, dass das Ergebnis der „Prüfung“ bereits feststeht: Alle Haushalte mit Balkonkraftwerken sollen Zweirichtungszähler bekommen.

Die modernen Messeinrichtungen gibt es in zwei Ausführungen, die fast identisch aussehen: Während der Bezugszähler mit Rücklaufsperre nur *einen* Messpunkt hat, hat der Zweirichtungszähler gleich zwei davon. So wird auch die Menge des ins Netz eingespeisten Stroms erfasst. Zweirichtungszähler werden deshalb bei großen Photovoltaikanlagen mit Überschusseinspeisung eingesetzt, um die EEG-Vergütung berechnen zu können. Das ist auch nachvollziehbar.

Viele Netzbetreiber in Deutschland, unter ihnen meiner, wollen ihren Kunden aber auch Zweirichtungszähler einbauen, wenn diese bloß ein Balkonkraftwerk anmelden, und berufen sich dabei auf das Messstellenbetriebsge-

Der alte Stromzähler hat ausgedient

Wer kennt ihn nicht, den guten alten schwarzen Stromzähler mit der Drehscheibe? Jahrzehntelang hat uns dieser elektromagnetische Ferrariszähler begleitet. Knapp 30 Millionen davon sollen heute noch in Haushalten ihren Dienst tun. Aber ihre Zeit ist abgelaufen. Bis zum Jahr 2032 werden alle analogen Zähler in Deutschland durch digitale ersetzt. So ist es gesetzlich vorgeschrieben.

Die digitalen Zähler heißen moderne Messeinrichtung (mME). An ihnen kann man die Messdaten für den Tag, die Woche, den Monat oder ein ganzes Jahr abrufen, und zwar bis zu zwei Jahre im Rückblick. So richtig modern finde ich aber gar nicht, was mir mein Netzbetreiber als „innovative Zählertechnik“ verkauft. Die sogenannte moderne Messeinrichtung braucht nämlich Lichtimpulse. Das heißt: Um die Daten auszulesen, muss ich ihr Signale mit einer Taschenlampe geben. Das ist kein Scherz. Damit der Zähler die gespeicherten Daten preisgibt, muss man mit der Lampe eine PIN eingeben. Die PIN bekommt man nebst einer Bedienungsanleitung bei seinem Messstellenbetreiber.

Verbindet man eine mME mit einem Kommunikationsmodul, einem sogenannten Smart-Meter-Gateway, entsteht ein intelligentes Messsystem. Es kann sowohl Daten senden als auch Signale empfangen und ist damit die Basis für Smart-Home-Anwendungen. Das intelligente Messsystem kann Elektrogeräte selbstständig ein- oder ausschalten, etwa wenn Strom gerade günstiger angeboten wird. Damit lassen sich auch variable Stromtarife nutzen.

Doch die von oben angeordnete Digitalisierung der Messtechnik stößt auch auf Kritik. „Die eigentliche Digitalisierung wäre nicht beim Endkunden erforderlich, sondern an den Knotenpunkten des Stromnetzes, bei den Netztrafos“, sagt Ralf Haselhuhn, Vorsitzender des Fachausschusses Photovoltaik der DGS. Er hat selbst Netztechnik studiert. „Aber ausgerechnet da, wo es um richtig große Ströme geht, da gibt es keine Digitaltechnik, die werden nicht überwacht. Die bewährten und günstigen Ferrariszähler auszutauschen ist eine Fehlinvestition.“

setz (MsbG), den VDE oder die Bundesnetzagentur. Das MsbG weist ihnen die Aufgabe zu, „entnommene, verbrauchte und eingespeiste Energie" zu messen. Aber warum sollte bei meinem Balkonkraftwerk ein Zweirichtungszähler überhaupt erforderlich sein? Ich speise doch bloß einen geringen Überschuss ein und verzichte auf jegliche Vergütung dafür. Wofür also soll die genaue Menge dann überhaupt erfasst werden? Was geschieht mit den Daten, wer liest sie ab und wofür?

Nach unzähligen Mailkontakten und Telefonaten mit meinem und anderen Netzbetreibern habe ich darauf keine befriedigende Antwort erhalten. Es erscheint mir schlicht als eine weitere überflüssige Hürde, die Balkonsolar komplizierter macht als notwendig. Zumal die Einspeisung sogar geringer sein kann als die Messtoleranz des Zählers. Die dürfte um die 3 Prozent betragen, bezogen auf den Jahresstromverbrauch.

Manche Netzbetreiber sind tatsächlich dazu übergegangen, auch für Balkonkraftwerke einfache Zähler mit Rücklaufsperre zu verbauen – eine pragmatische Lösung. Aber die meisten bestehen noch immer auf dem Zweirichtungszähler. Ein Mitarbeiter so eines Unternehmens sagte mir mal: „Ob das Sinn ergibt, weiß ich auch nicht. Aber wir halten uns immer an die Vorgaben des VDE." Damit ist in diesem Fall das Forum Netztechnik/Netzbetrieb gemeint. Zu Steckersolargeräten schreibt das FNN: „Auch ein normaler Einrichtungszähler mit Rücklaufsperre ist nicht ausreichend, da die ins öffentliche Stromnetz eingespeisten Energiemengen erfasst werden müssen. Für den Betrieb einer steckerfertigen PV-Anlage muss immer ein Zweirichtungszähler genutzt werden. Die Kosten dafür müssen selber getragen werden."

Inhaltlich ist das dünn, aber beim Stichwort „Kosten" werde ich hellhörig. Tatsächlich: Einige Netzbetreiber verlangen vom Endkunden Geld für den Zählertausch oder haben das vor nicht allzu langer Zeit noch getan. Umstritten ist, ob das überhaupt erlaubt ist. Die Verbraucherzentrale schreibt: „Baut Ihr Netzbetreiber den alten Zähler aus und stattdessen eine moderne Messeinrichtung ein, darf er dafür keine Kosten in Rechnung stellen. Denn das Messstellenbetriebsgesetz schreibt vor, dass die Kosten für den Ein- und Ausbau von Zählern im jährlichen Messpreis bereits enthalten sein müssen."

Im Anmeldeformular meines Netzbetreibers steht, dass der Zählerwechsel kostenlos sei. Immerhin. Problematisch wird es jedoch, wenn der neue Zähler nicht in den alten Zählerschrank passen sollte und ein neuer Schrank her muss. Dann könnten die Mehrkosten sogar in die Tausende gehen. Der Anlagenbesitzer müsste sie zahlen, also ich. Das gilt schon bei klassischen Photovoltaikanlagen als Hindernis.

Der Zählertausch ist das eine, aber was ist eigentlich mit den laufenden Kosten? Ein Ferrariszähler kostet meistens zwischen 10 und 15 Euro im Jahr. Die Preisobergrenze für eine mME liegt laut § 32 Messstellenbetriebsgesetz bei 20 Euro im Jahr – je Zählpunkt. Das sind die maximalen Kosten für einen digitalen Bezugszähler mit Rücklaufsperre, wie ich ihn habe. Nun könnte man argumentieren, dass ein Zweirichtungszähler zwei Zählpunkte hat und deshalb nochmal 20 Euro zusätzlich anfallen. Bei meinem Netzbetreiber habe ich zuerst telefonisch genau diese Auskunft bekommen – und mich ziemlich geärgert. 40 Euro Zählerkosten im Jahr würden die Rendite meines Balkonkraftwerks bedeutend verringern. Inzwischen ist aber klargestellt, dass der Zweirichtungszähler auch nur 20 Euro kosten soll und damit nicht mehr als mein digitaler Bezugszähler. Damit kann ich leben.

Hätte ich aber einen Ferrariszähler mit Rücklaufsperre, würde ich die Mehrkosten durch den Tausch zu einem Zweirichtungszähler gerne vermeiden. Wenn das Balkonkraftwerk jährlich 80 Euro Ersparnis einbringt, wären 8 Euro immerhin 10 Prozent davon. Das ist ganz schön viel – vor allem, wenn man dafür keine verwertbare Gegenleistung bekommt. Kein Wunder, dass die Balkonkraftszene gegen den Zwangstausch rebelliert.

168 Euro für zwei VDE-Normen

Weiter im Anmeldeverfahren meines Netzbetreibers. Jetzt soll ich noch offiziell bestätigen, dass meine Stromerzeugungsanlage und ihr Netzanschluss nicht nur den allgemein anerkannten Regeln der Technik entsprechen, sondern auch der VDE-AR-N 4105:2018-11 sowie der DIN VDE V 0100-551-1. Wie bitte? Woher soll ich die denn kennen?

Im Internet kann ich diese Normen nicht finden. Also bitte ich meinen Netzbetreiber, mir die Texte im Original zur Verfügung zu stellen. Die Antwort ist verblüffend: Das gehe nicht, denn die seien lizensiert und dürften nicht vervielfältigt werden. Im Webshop des VDE könnte ich die beiden Normen kaufen, dafür wird aber ein irrwitziger Preis aufgerufen: 168,40 Euro.

Ich fühle mich mittlerweile wie eine Figur in einem Kafka-Roman. Ich will ein einziges Solarmodul aufhängen, um ein klein wenig Ökostrom zu produzieren, und jetzt stehe ich vor solchen Hürden. Ich soll etwas unterschreiben, das ich gar nicht einsehen kann. Und der das von mir verlangt, rückt den Volltext auch nicht raus.

Ich meine: Hier stimmt etwas mit dem System nicht. Der Gesetzgeber überträgt die Aufgabe, technische Regeln zu entwickeln, an einen privaten Verein. Wenn man dessen Website liest, klingt es so, als wären seine Regeln Gesetze, was sich in vielen Formulierungen äußert von „nicht erlaubt" bis „nicht zulässig". Aber während echte Gesetze und Verordnungen im Internet frei zugänglich sind, bleiben VDE-Normen der breiten Öffentlichkeit vorenthalten.

Mir ist schon klar, dass die Normungsarbeit irgendwie finanziert werden muss. Aber wenn der Gesetzgeber die Musik schon bestellt, soll er auch dafür zahlen. Dann muss er eben das Vervielfältigungsrecht erwerben und die Normen allen zugänglich machen. Das schlagen jedenfalls zwei Juristen vor, die sich des Themas mal grundsätzlich angenommen haben und verfassungsrechtliche Bedenken erheben. Im Vergleich mit vielen europäischen Nachbarn geht Deutschland den beiden zufolge übrigens einen Sonderweg.[7]

Besuch im Normen-Infopoint

So leicht lasse mich nicht abschütteln. Was steht denn nun in den genannten VDE-Normen? Es gibt noch einen anderen Weg, das herauszufinden – kostenlos (von Fahrtkosten abgesehen), aber beschwerlich, und damit eigentlich auch nicht zumutbar: Ich fahre in einen Normen-Infopoint. Davon soll es in Deutschland mehr als 90 geben. Also auf nach Frankfurt, in die Bibliothek der University of Applied Sciences!

Kubikmeter von Papier schlucken alle Geräusche im Lesesaal. Die Normensammlung umfasst mehrere Regalmeter, und es dauert, bis ich die richtigen Ordner herausgezogen habe. Da darf ich reingucken, aber auch nicht mehr: „Kopieren oder eine Ausleihe sind vom Verlag nicht gestattet", heißt es. Und in den Normen selbst steht nochmal fett in Rot auf dem Deckblatt: „Vervielfältigung – auch für innerbetriebliche Zwecke – nicht gestattet." Mit anderen Worten: Nicht einmal der Chef, der die Norm für seinen Elektrobetrieb gekauft hat, darf seinem Lehrling eine Seite daraus auf den Fotokopierer legen.

In der VDE V 0100-551-1 werden im Kapitel 7.2 zwei wesentliche Anforderungen an die Installation von Balkonkraftwerken genannt, die der VDE als Teil der allgemein anerkannten Regeln der Technik sieht: eine Vorgabe zum Anschluss und eine zur Leitung im Einspeisestromkreis. Auf die genauen Formulierungen kommt es an.

Ist der Schukostecker verboten?

Bei den Anschlussregeln holt mich die Debatte über den Schukostecker wieder ein, den manche für unsicher halten, wegen der berührbaren Kontakte (siehe S. 36). Der VDE und viele Netzbetreiber behaupten nun auch noch, dass der Schukostecker sogar verboten sei. So schreibt das Forum Netztechnik/Netzbetrieb im VDE: „Anlagen mit dem typischen Schutzkontaktstecker sind in Deutschland nicht zulässig."

Das wiederum wird in anderen Kreisen als Anmaßung aufgefasst. Denn der VDE darf zwar allgemein anerkannte Regeln der Technik aufstellen, er darf aber nichts verbieten und für illegal erklären. Das ist der Unterschied zum Gesetzgeber. Es gilt der Grundsatz, dass man von VDE-Vorgaben durchaus abweichen kann, wenn die Alternativlösung das gleiche oder ein höheres Schutzniveau erreicht. Bloß müsste man das dann begründen können.

Schauen wir also mal in den Wortlaut der VDE V 0100-551-1. Dort steht, dass eine Stromerzeugungseinrichtung in einem Endstromkreis „entweder fest oder mit einer speziellen Energiesteckvorrichtung (z. B. nach DIN VDE V 0628-1 (VDE V 0628-1)" anzuschließen ist. Jetzt muss ich auch noch diese Norm aus dem Regal ziehen. Darin taucht der Name „Wieland" nicht auf – das wäre ja auch ein Ding, wenn hier ein Hersteller namentlich genannt würde. Aber technische Zeichnungen im Anhang zeigen den dreipoligen Wielandstecker sowie die zugehörige Buchse. Und da ausschließlich die Bamberger Firma Wieland Electric GmbH diese Steckverbindung mit der Bezeichnung RST20i3 baut, hat sich eben der Name „Wielandstecker" durchgesetzt.

Die Situation in Österreich

Manches wurde im Nachbarland früher und besser geregelt. „Kleinsterzeugungsanlagen" mit einer Leistung von bis zu 800 Watt bilden in Österreich eine eigene rechtliche Kategorie. Sie sind von vielen technischen Anforderungen ausgenommen, die für große Photovoltaikanlagen gelten. Auch ein eigener Zählpunkt ist nicht vorgeschrieben.

Die Debatte über den richtigen Anschluss und Stecker trägt ähnliche Züge wie in Deutschland. Die rechtliche Situation wird unterschiedlich und durchaus interessengeleitet interpretiert. Doch die Regulierungsbehörde für den Energiemarkt, E-Control, hat inzwischen klargestellt: „Auch mit Schuko-Stecker sind diese Kleinsterzeugungsanlagen erlaubt."[8]

Was die 800-Watt-Grenze betrifft, muss man allerdings hinzufügen, dass Stromkreise in Österreich zwar wie in Deutschland mit 1,5 Quadratmillimetern Leiterquerschnitt ausgeführt, aber nur mit 13 Ampere abgesichert sind. Im Vergleich zur Situation in Deutschland (16 A) ergibt sich damit schon eine theoretische Leitungsreserve von 3 A. Da geht also mehr.

Die 0628-1 fordert einen Stecker mit Berührungsschutz für die beiden Pole, sie wird in der VDE V 0100-551-1 jedoch nur in Klammern und als Beispiel – „z. B." – aufgeführt. Einem Beispiel muss man nicht unbedingt folgen. Wenn ich bei einer Autovermietung „ein Premiumfahrzeug, z. B. einen Audi" buche, darf der Vermieter mir auch einen vergleichbaren Mercedes übergeben. Und so steht in der VDE-Norm genau genommen bloß: Es muss eine spezielle Energiesteckvorrichtung sein. Was das ist, wird hier gar nicht näher definiert. Nun betrachten Fans des Schukosteckers nicht nur die Steckverbindung an sich, sondern das ganze System, und sagen: Eine spezielle Energiesteckvorrichtung kann auch mit einem Schukostecker in Verbindung mit den Sicherheitsfunktionen des Wechselrichters ausgeführt werden, wenn die Sicherheit im Stromkreis nicht beeinträchtigt wird. Anders gesagt: Wenn der Wechselrichter zuverlässig abschaltet, sobald der Stecker gezogen wird, reicht auch ein Schukostecker ohne Berührungsschutz.

Warum ist die Norm ausgerechnet an der Stelle so unklar, an der es um die wichtige Frage nach der sicheren Steckverbindung geht? Das hat anscheinend mit ihrer Geschichte zu tun. Ralf Haselhuhn von der DGS war an der Normungsarbeit beteiligt. Im zuständigen Arbeitskreis habe damals kein klares Meinungsbild geherrscht, ob der Anschluss an eine Schukosteckdose in Kombination mit weiteren Sicherheitsanforderungen zulässig sein sollte, erinnert er sich. So kam demnach eine Formulierung zustande, die das offen lässt.

Muss die Sicherung getauscht werden?

Die zweite wesentliche Anforderung in der VDE V 0100-551-1 betrifft die Leitungen im Einspeisestromkreis. Sie müssen ausreichend dimensioniert sein, um den Strom eines Balkonkraftwerks sicher aufzunehmen.

In der Norm steht dafür eine Formel. Demnach muss die Strombelastbarkeit der Leiter gleich oder größer sein als der Bemessungsstrom der Schutzeinrichtung (das ist die Absicherung) und der maximale Einspeisestrom des Steckersolargeräts zusammen. Anders ausgedrückt: Wenn der Stromkreis wie üblich mit 16 Ampere abgesichert ist und das Balkonkraftwerk maximal 2,6 Ampere (600 Watt) einspeisen kann, müssen die Leitungen mindestens 18,6 Ampere verkraften. Mit diesen Größen habe ich ja bereits im Kapitel zum Thema Sicherheit (siehe S. 43) gerechnet. Außerdem wird noch „eine entsprechende Kennzeichnung an der speziellen Energiesteckdose und zu dem betreffenden Stromkreis im Verteiler“ gefordert.

Nun interpretiert der VDE das so: Ein Elektriker soll ins Haus kommen und die Belastbarkeit der Leitungen prüfen. Die von ihm installierte Einspeisesteckdose bekommt einen Aufkleber verpasst, auf dem so etwas wie „Max. 2,6 Ampere Einspeisestrom“ steht. Dann tauscht der Elektriker den Leitungsschutzschalter mit 16 A gegen einen mit 13 A und kennzeichnet diesen Stromkreis im Verteilerkasten. Damit ist eine Reserve von 3 A geschaffen, die das Steckersolargerät nutzen kann. Das ist in sich zwar schlüssig, aber es geht wieder nur mit Elektriker und verursacht zusätzliche Kosten. Und nach allen Erkenntnissen zur Belastbarkeit von Elektroinstallationen wäre das für eine Kleinstanlage wohl auch übertrieben.

Deshalb gibt es auch dazu eine alternative Interpretation der VDE-Norm, und die lautet so: In der Formel geht es um „die Strombelastbarkeit der Leiter“, also um die reale Belastbarkeit und nicht um die normative Belastbarkeit mit 16 Ampere. Die reale Belastbarkeit ist höher als 16 Ampere – das zeigen unter anderem die Messungen der DGS (siehe S. 46). Das Fazit dieser Tests war ja, dass bei einer Einspeisung von bis zu 600 Watt (2,6 Ampere) in keiner Konstellation eine gefährliche Überlastung entstanden ist, und das selbst bei den untersuchten Uralt-Installationen. Deshalb gilt eine Einspeisung von maximal 600 Watt als ungefährlich. Ein kleines Schildchen mit einem Hinweis auf den maximalen Einspeisestrom von 2,6 Ampere könnte man ja auch selbst auf die (Schuko-)Steckdose kleben, um der VDE-Norm genüge zu tun.

Anmeldung ohne Formular

Es gibt keine gesetzliche Vorgabe dazu, *wie* ein Balkonkraftwerk beim Netzbetreiber gemeldet werden muss. Das Anmeldeverfahren legen die Netzbetreiber selbst fest. Offen ist jedoch, was sie alles von ihren Kunden verlangen *dürfen*. Geht es sie überhaupt etwas an, *wie* jemand in seiner Wohnung ein Balkonkraftwerk anschließt – mit Schuko- oder Wielandstecker? Dürfen sie eine Wielanddose bei der Anmeldung zur Bedingung machen oder gar Fotos von der Installation verlangen? Obwohl sich viele Netzbetreiber anscheinend als allmächtige Wächter ihres Netzes verstehen, scheint mir die rechtliche Grundlage dafür eher dünn zu sein.

Einerseits gibt die Niederspannungsanschlussverordnung den Netzbetreibern das Recht, „technische Anforderungen an den Netzanschluss und andere

Anlagenteile sowie an den Betrieb der Anlage einschließlich der Eigenanlage festzulegen“. Das tun sie in ihren „TAB“ (Technische Anschlussbedingungen). Allerdings dürfen sie das laut Verordnung auch nur tun, „soweit dies aus Gründen der sicheren und störungsfreien Versorgung (…) notwendig ist“.

Abgesehen davon, dass ein Steckersolargerät wohl kaum Teil der elektrischen Anlage wird, gefährdet eine Schukosteckverbindung weder die Versorgungssicherheit, noch stört sie das Stromnetz. Das könnte höchstens durch einen nicht konformen Wechselrichter passieren. Das Zertifikat für den Netz- und Anlagenschutz nach VDE-AR-N-4105:2018-11 ist aus Sicherheitsgründen sinnvoll und wichtig. Sie sollten beim Kauf darauf achten. Fügt man es der Anmeldung bei, hat der Netzbetreiber keine Handhabe, gegen das Steckersolargerät vorzugehen.

Nicht unterschreiben muss man laut der Verbraucherzentrale, dass man selbst Normen einhält, die man gar nicht im Volltext einsehen kann. Zu so einer Unterschrift kann einen niemand drängen. Unterschreibt man trotzdem, dürfte diese Zusicherung rechtlich nicht bindend sein. Das ist ähnlich wie bei einem Kaufvertrag, in dem bloß stünde, dass die Allgemeinen Geschäftsbedingungen des Verkäufers gelten. Die müssten schon konkret vorliegen, wenn sie Vertragsbestandteil werden sollen.

Die DGS vertritt, dass die von den Netzbetreibern vorgesehene Anmeldeprozedur nur „ein unverbindlicher Vorschlag“ ist, um die Vorgaben umzusetzen. Alternativ könnten Sie aber auch bloß folgende Angaben übermitteln: Kontaktdaten des Anlagenbetreibers, Standort der Anlage und technische Daten zu Hersteller und Leistung des Wechselrichters sowie die Bestätigung, dass das Gerät der VDE-AR-N-4105:2018-11 entspricht.

Auch wenn Formulierungen von Netzbetreibern manchmal anderes nahelegen: Ein Steckersolargerät bedarf keiner Genehmigung. Briefe, in denen es heißt, man könne dem Einsatz „grundsätzlich nicht zustimmen“ oder werde „die Anmeldung verweigern“, kann man wohl ignorieren. Der Netzbetreiber darf einen auch nicht von der Stromversorgung abschneiden – außer er könnte nachweisen, dass das Steckersolargerät eine Störung des Stromnetzes verursacht.

Der DGS-Sicherheitsstandard und die neue VDE-Produktnorm

Um den restriktiven VDE-Regeln etwas entgegenzusetzen, hat die Deutsche Gesellschaft für Sonnenenergie (DGS) schon 2019 selbst einen Sicherheitsstandard für Steckersolargeräte veröffentlicht. Er dient Herstellern und Anbietern als Kriterienkatalog zur Ausstattung ihrer Produkte. Sie können ihre Geräte auch prüfen lassen und nach Freigabe ein DGS-Logo verwenden. Auf dem prangt demonstrativ ein Schukostecker. Allerdings gibt es nur wenige DGS-geprüfte Geräte auf dem Markt.

Jahre später und während ich dieses Buch schreibe, hat eine Arbeitsgruppe beim VDE etwas Ähnliches vorgelegt: den Entwurf für eine Produktnorm für Steckersolargeräte. Im Regelsystem des Verbandes schließt sie eine Lücke. Bisher gab es Normen für die einzelnen Bauteile wie Photovoltaikmodule oder Wechselrichter sowie Regeln für den Anschluss sogenannter Niederspannungsstromerzeugungseinrichtungen. Aber nirgendwo wurde definiert, was ein Steckersolargerät eigentlich ist. Das holt die DIN VDE V 0126-95 nach. Sie stellt endlich klar, dass es sich um ein „Strom erzeugendes Haushaltsgerät" handelt, das „laienbedienbar" ist.

Link zum DGS-Sicherheitsstandard

Die neue Produktnorm wendet sich an Hersteller von Steckersolargeräten und definiert eine Reihe von Anforderungen an die elektrische wie die mechanische Sicherheit. Sie legt auch fest, wie diese Anforderungen geprüft werden können. Im Idealfall führt das dazu, dass die angebotenen Produkte nutzerfreundlicher werden.

Der Streit über den Schukostecker wurde allerdings zunächst wieder nicht aufgelöst, denn auch dieses Mal waren sich die Fachleute uneins in der Frage, ob eine Einspeisung in die Haushaltssteckdose im Normenwerk zugelassen werden sollte. Überraschend gab der VDE dann im Januar 2023 ein Positionspapier heraus, in dem er fordert, den Schukostecker zu dulden, wenn gewisse Sicherheitsvorgaben berücksichtigt werden.

600 Watt und mehr

Im Internet wimmelt es nur so von Aussagen zur maximal zulässigen Leistung des Wechselrichters. Doch wenn ich genauer hinschaue, entpuppt sich so manche von ihnen als Gerücht, etwa die Behauptung, mehr als 600 Watt mit einem Balkonkraftwerk einzuspeisen sei illegal. Sogar in Onlineshops ist manchmal von einer „gesetzlichen 600-Watt-Grenze" die Rede. Aber das ist Quatsch. Es gibt dazu schlicht kein Gesetz.

Die 600-Watt-Regel

Die sogenannte 600-Watt-Grenze geht allein auf die Anwendungsregel Niederspannung VDE-AR-N 4105:2018-11 zurück. Dort steht im Kapitel 5.5.3, dass bei einer Leistung von bis zu 600 Watt „im Inbetriebsetzungsprotokoll E.8 die Unterschrift des Anlagenerrichters und die Angaben zum Anlagenerrichter entfallen" dürfen. Der Anlagenerrichter wäre die Elektrofachkraft, der Anlagenbetreiber wäre ich. Für die Anmeldung müsste ich also keinen Elektriker beauftragen. Eine ganz andere Frage ist die nach dem technischen Anschluss.

Einen Elektriker hält sogar der VDE bei Geräten bis zu 600 Watt für entbehrlich – allerdings nur unter zwei Bedingungen, die in der Regel aufgeführt sind: Ein „Zweirichtungszähler auf dem zentralen Zählerplatz" und eine „spezielle Energiesteckvorrichtung" müssten vorhanden sein. Um den Zähler küm-

Watt oder Voltampere?

Entscheidend für die 600-Watt-Regel ist übrigens allein die maximale Ausgangsleistung des Wechselrichters. Die daran angeschlossenen Solarmodule können ruhig mehr Leistung haben. Das ist sogar sinnvoll, damit auch bei schlechtem Wetter etwas mehr Strom rauskommt.

Verwirrend ist, dass die Leistungsaufnahme oder -abgabe von Geräten manchmal in Watt (W) und manchmal in Voltampere (VA) ausgedrückt wird. Dabei bezeichnet der in Watt angegebene Wert die Leistung, die tatsächlich erbracht wird; Voltampere ist hingegen die Einheit der elektrischen Scheinleistung. Beide Angaben dienen einem bestimmten Zweck. Während die Angabe in Watt die tatsächliche Leistung benennt, wird der VA-Wert zur Bemessung von Kabeln und Leitungsschutzschaltern verwendet. Deshalb ist in der VDE-Anwendungsregel auch korrekt von 600 VA die Rede.

Für bestimmte elektrische Geräte sind beide Werte unterschiedlich, für andere identisch. Letzteres ist bei den Mikrowechselrichtern der Fall, die man für Balkonkraftwerke verwendet. Deshalb werden Watt und VA oft synonym verwendet, so auch in diesem Buch. Man muss die Dinge ja nicht noch komplizierter machen, als sie ohnehin schon sind.

mert sich der Messstellenbetreiber, eine Wielanddose darf aber nur eine Elektrofachkraft installieren. Also ginge es nach Lesart des VDE dann doch nicht ohne Elektriker. Deshalb erscheint mir diese Aussage auch als Mogelpackung. Niemand hat ja zu Hause einfach so schon eine Wielanddose auf dem Balkon. Das Einzige, was der Laie laut dem VDE machen darf: ganz am Ende den Wielandstecker einstöpseln.

Wie schon dargestellt, handelt es sich hier aber nur um eine restriktive Interpretation einer VDE-Regel. Kein Gesetz verlangt für die Nutzung eines Steckersolargeräts einen Elektriker.

Darf es etwas mehr sein?

Schon bald könnte die 600-Watt-Regel durch eine 800-Watt-Regel ersetzt werden. Doch auch jetzt schon sind Steckersolargeräte mit mehr als 600 Watt Leistung nicht verboten – zum Glück nicht. Viele Nutzer haben mit einem kleinen Gerät begonnen und „Blut geleckt". Jetzt wollen sie mehr, 1200 oder 1500 Watt zum Beispiel. Es gibt Mikrowechselrichter in dieser Klasse mit Anschlüssen für vier Solarmodule. Allerdings wird es, wenn man die 600 Watt überschreitet, technisch und rechtlich etwas aufwendiger.

Die Leitungen müssen den höheren Einspeisestrom verkraften können, ohne zu überhitzen. Das könnte man erreichen, indem man den Leitungsschutzschalter tauschen lässt gegen einen kleiner dimensionierten oder einen eigenen Einspeisestromkreis schafft (siehe S. 46 ff.). So könnte man in einen gewöhnlichen Stromkreis mit dem üblichen Leiterquerschnitt von 1,5 Quadratmillimetern sogar bis zu 16 Ampere Sonnenstrom einspeisen. Das entspricht 3680 Watt. Da empfiehlt sich dann aber dringend ein fester Anschluss der Einspeiseleitung statt einer Schukosteckdose.

Nun zum Rechtlichen: Der Netzbetreiber wird mit ziemlicher Sicherheit auf die reguläre statt die vereinfachte Anmeldung bestehen. Das bedeutet, dass eine Elektrofachkraft das Anmeldeformular unterschreiben soll. Wenn man aus technischer Sicht sowieso einen Elektriker hinzuziehen möchte, spielt das dann auch keine Rolle mehr. Die Kosten für Sicherungstausch, Anklemmen und Protokoll sollten einschließlich Anfahrt und Material 150 bis 200 Euro nicht wesentlich überschreiten.

Was den Stromzähler betrifft, wird der Netzbetreiber vermutlich einen Zweirichtungszähler einbauen wollen. Damit könnte man dann aber auch die Einspeisevergütung beanspruchen für überschüssigen Strom, den man nicht sofort selbst verbraucht. Das sind derzeit 8,2 Cent je Kilowattstunde bei einer Anlagengröße bis zu 10 kWp. Wenn man es mitnehmen kann – warum nicht? Bei einem Überschuss von 600 kWh im Jahr wären das fast 50 Euro „Taschengeld“.

Die Meldung bei der Bundesnetzagentur

Mein Marathon durch die Bürokratie ist noch nicht zu Ende. Denn mein Balkonkraftwerk muss ich auch bei der Bundesnetzagentur (BNetzA) anmelden, und zwar innerhalb eines Monats nach Inbetriebnahme. Die BNetzA unterhält dazu das Marktstammdatenregister (MaStR). Die Pflicht ergibt sich aus § 5 Absatz 1 der Marktstammdatenregisterverordnung. Also Augen zu und durch, auch wenn mir das nichts bringt – außer Aufwand.

Im Verlauf der Registrierung muss ich mich nämlich damit auseinandersetzen, was ein ACER-Code ist, werde nach meiner Umsatzsteueridentifikationsnummer gefragt und danach, ob ich Einkünfte aus selbstständiger Arbeit habe. Damit soll der „Hauptwirtschaftszweig gemäß europäischer NACE-Statistik“ ermittelt werden. Nichts davon hat etwas mit meinem kleinen privaten Balkonkraftwerk zu tun, für dessen Einspeisung von ein paar Kilowattstunden im Jahr ich keinerlei Vergütung beanspruche. Aber die Bundesnetzagentur behandelt auch ein Mini-Balkonkraftwerk mit einem einzelnen Solarmodul wie eine große Photovoltaikanlage.

Die Registrierung läuft in drei Schritten ab: Benutzerkonto anlegen, den Betreiber der Anlage registrieren und schließlich die Anlage selbst anmelden.

Benutzerkonto anlegen

Der Benutzer des Portals und der Anlagenbetreiber müssen nicht identisch sein. Man könnte also eine Anlage für jemand anderes registrieren. Ein Benutzerkonto legt man auf der Seite https://www.marktstammdatenregister.de/MaStR an, per Klick auf „Registrierung starten“. Nach Eingabe der Kontaktdaten muss das neue Konto über einen Bestätigungslink aktiviert werden.

Marktakteur registrieren

Wenn das Benutzerkonto bestätigt ist, kann man sich dort einloggen und im zweiten Schritt sich selbst, sein Unternehmen oder jemand anderes als Anlagenbetreiber registrieren. Dazu muss ich natürlich meine Kontaktdaten hinterlegen. Als Betreiber heiße ich im Bürokratendeutsch „Marktakteur" – obwohl ich mit meinem Balkonkraftwerk an keinem Markt teilnehme.

Am Ende von Schritt 2 erhalte ich also eine Marktakteur-Identifikationsnummer, die mit dem Buchstabencode ABR beginnt, gefolgt von einer zwölfstelligen Zahl. Merkwürdigerweise wird mein Status als Anlagenbetreiber schon jetzt als „aktiv" angezeigt, obwohl ich noch keine Anlage registriert habe. Denn das ist erst der dritte Schritt. Bei den ominösen Fragen nach dem ACER-Code, der Umsatzsteueridentifikationsnummer oder dem Hauptwirtschaftszweig hilft übrigens ein Klick auf das Fragezeichen.

Anlage registrieren

Erst im letzten Schritt geht es um die Solaranlage selbst. Die heißt im Marktstammdatenregister bloß „Einheit". Deshalb muss ich hier die Schaltfläche „Einheit erfassen" anklicken, dann „Stromerzeugung" und „Solare Strahlungsenergie" wählen. Den Namen meiner Anlage kann ich mir frei aussuchen, er ist aber später öffentlich einsehbar. Die angefragten Geokoordinaten lassen sich per Schaltfläche aus der Adresse ermitteln (das geht bei mir aber prompt schief, und ich muss es korrigieren). Schließlich muss ich noch meinen Netzbetreiber wählen und bei Spannungsebene „Niederspannung" angeben.

Hätte mein Steckersolargerät einen Stromspeicher, müsste ich den dritten Schritt nochmals durchlaufen. Ein Batteriespeicher gilt nämlich als separate Einheit.

Video-Tutorial zum Marktstammdatenregister

Endlich kann ich meine Registrierungsbestätigung herunterladen. Die Anlage ist nun öffentlich sichtbar, allerdings werden meine persönlichen Daten anonymisiert. Ändert sich die Leistung meines Gerätes oder meine Adresse, muss ich die Angaben innerhalb von vier Wochen aktualisieren.

Nicht angemeldet und erwischt?

Weder die Anmeldung beim Netzbetreiber noch die Registrierung im Marktstammdatenregister bringt uns Besitzern eines Balkonkraftwerks irgendeinen Vorteil. Da denken sich viele wohl: Dann lasse ich es gleich bleiben. Eine Studie der Hochschule für Technik und Wirtschaft Berlin (HTW) geht davon aus, dass 80 bis 90 Prozent aller Steckersolargeräte *nicht* bei der Bundesnetzagentur gemeldet sind. Diese Zahl beruht auf einer Hochrechnung und ist deshalb mit Vorsicht zu genießen. Doch sie deckt sich mit einer Aussage von Holger Laudeley, dass neun von zehn seiner Kunden ihr Gerät nicht anmelden. Die

Forscher der HTW schlussfolgern: „Auf Basis der geringen Anmeldungsquote bei der Bundesnetzagentur kann vermutet werden, dass ein nicht unerheblicher Anteil der Nutzer:innen bürokratische Hürden durch Nichtbeachtung umgeht."

Ein Verstoß gegen die Pflicht zur Registrierung bei der Bundesnetzagentur ist eine Ordnungswidrigkeit nach § 21 der Marktstammdatenregisterverordnung (MaStRV) und kann ein Bußgeld nach sich ziehen. Das ist jedoch nach Aussage der Behörde noch nie erhoben worden. Die Bundesnetzagentur hat wohl auch keine Kapazitäten, um Anmeldemuffel zu jagen. Das Gleiche dürfte für die Netzbetreiber gelten.

Zufallstreffer gibt es allerdings. Die Stadtwerke München entdecken nach eigenen Angaben immer wieder einmal nicht gemeldete Balkonkraftwerke im Rahmen von Routinearbeiten, etwa wenn in einem Mehrfamilienhaus der turnusmäßige Zählerwechsel ansteht und der Monteur sieht, dass ein Zähler rückwärts läuft. In diesen Fällen werden die Kunden angeschrieben und können die Anlage nachmelden. Harte Sanktionen drohen nicht.

Die Verbraucherzentralen raten dazu, beide Anmeldungen vorzunehmen und die gleichen Daten einzutragen. Hintergrund ist, dass die Netzbetreiber von der Anmeldung im Marktstammdatenregister erfahren. Denn sie werden automatisch von der Bundesnetzagentur aufgefordert, die dort eingetragenen Daten mit ihren eigenen abzugleichen („Netzbetreiberprüfung"). Falls der Netzbetreiber feststellt, dass die Angaben voneinander abweichen, wird er den Anlagenbetreiber zu einer Korrektur auffordern.

Mietrecht und Eigentumswohnung

Eine weitere rechtliche Hürde auf meinem Weg zum Balkonkraftwerk ist mein Vermieter. Kann er meine Pläne durchkreuzen, das Solarmodul verbieten?

Wie Amtsgerichte urteilen

In der Rechtsprechung sind Balkonkraftwerke noch immer eine relativ neue Sache. Deswegen gibt es bisher wenige veröffentlichte Urteile und keine gesicherte Rechtslage. Amtsgerichte entscheiden mal für, mal gegen die Mini-Kraftwerke. Das wird sich erst ändern, wenn höhere Instanzen Urteile fällen – oder die Politik neue Gesetze erlässt.

Das erste Urteil stammt schon aus den Neunzigerjahren. In München hatte ein Mieter eine kleine Photovoltaikanlage auf seiner Terrasse angebracht, die zu einem Innenhof lag. Sein Vermieter verklagte ihn, weil er meinte, das verunstalte das Haus und stelle eine vertragswidrige Nutzung der Terrasse dar. Das Gericht wies die Klage ab und sprach dem Mieter ein Recht zu, Geräte zu installieren, „die zur Lebensführung erforderlich sind". Und was dazu gehöre, sei „nach den Zeitumständen veränderbar". Ausdrücklich führte das Gericht schon damals „das gestiegene ökologische Bewusstsein" und den schonenden Umgang mit Rohstoffen und Energie an.[9] Für ein Urteil von 1990 finde ich das sehr vorausblickend.

In Details anders, im Ergebnis ähnlich entschied 30 Jahre später das Amtsgericht Stuttgart. Zwei Mieter hatten ihre Vermieterin Anfang 2020 gebeten, ihnen die Installation einer Solaranlage auf dem Balkon zu erlauben. Die Vermieterin widersprach, die Mieter installierten ihre Anlage dennoch und speisten den Strom ins Hausnetz über eine Leitung ein, die sie an einem Lichtschalter anklemmten. Im Mittelpunkt stand der Vorwurf der Vermieterin, die Anlage sei laienhaft angebracht und nicht sicher. Das Gericht wies ihn mithilfe eines Gutachters ab. Einer der Mieter war nämlich selbst eine Elektrofachkraft.

Grundsätzlich aber sah das Gericht in der Solaranlage eine vertragswidrige Nutzung der Wohnung und bejahte einen Anspruch der Vermieterin auf Beseitigung. Zwar dürfe der Mieter seinen Balkon „unter Berücksichtigung des Gebots der gegenseitigen Rücksichtnahme gegenüber Vermieter und Nachbarn" für seine Zwecke nutzen, allerdings sah das Gericht in der Anlage „eine bauliche Veränderung mit Substanzeingriffen", weil der Solarstrom „über neue Leitungen und den Lichtschalter in das vorhandene Stromnetz eingespeist" wurde. Und diese Nutzung müssten die Mieter sich laut dem geschlossenen Mietvertrag genehmigen lassen.

Nun kommt aber die Volte: Die Vermieterin hätte dem Antrag trotzdem zustimmen müssen. Die Mieter hätten nämlich einen „Anspruch auf Genehmigung der Installation", denn die Solaranlage sei „objektiv vorteilhaft". Das Amtsgericht nennt die Einsparung von Energiekosten und die politisch angestrebte Energiewende als Gründe und zitiert Artikel 20a des Grundgesetzes, in dem der Umweltschutz als Staatsziel verankert ist. Kurz gefasst: Umweltschutz sticht Mietvertrag.[10]

Was man beachten muss

Der Deutsche Mieterbund hat die Stuttgarter Mieter damals unterstützt und meint, dass sich Balkonkraftwerker durch das Urteil „gestärkt fühlen" dürften. Es enthält jedoch einige Einschränkungen:

- Das Balkonkraftwerk muss fachgerecht und sicher installiert sein. Es darf von ihm keine erhöhte Gefahr ausgehen. Dabei sind die allgemein anerkannten Regeln der Technik einzuhalten. Das Gerät muss laut Mieterbund nicht unbedingt von einer Fachfirma montiert werden, es kommt nur auf das Ergebnis an.
- Die Bausubstanz darf nicht geschädigt werden. Das klappt am besten, wenn die Anlage leicht wieder entfernt werden kann und das Modul eingehängt, verklemmt oder an bestehenden Löchern verschraubt wird. Löcher in einen Betonbalkon zu bohren, wäre ein Eingriff in die Bausubstanz, müsste aber laut Mieterbund vom Vermieter geduldet werden, sofern der Mieter diesen Eingriff am Ende der Mietzeit wieder beseitigt und sich die Mietsache dadurch nicht verschlechtert. Es darf also zum Beispiel nicht passieren, dass Feuchtigkeit durch eine angebohrte Fassade in die Isolierung zieht.

- Die Installation muss baurechtlich zulässig sein. Die Bestimmungen aus der Landesbauordnung und eventuelle örtliche Vorschriften müssen eingehalten werden.
- Die Anlage darf außerdem laut dem Urteil „optisch nicht störend" sein. Das kann ein echter Knackpunkt werden. In Stuttgart wurde die Mini-Anlage *auf* dem Balkon installiert, nicht *an der Balkonbrüstung*. Eine optische Beeinträchtigung machte die Klägerin nicht geltend und lag auch nach Ansicht des Gerichts nicht vor. Am Balkongeländer kann der Fall anders liegen, und was „optisch störend" ist, darüber könnte man lange streiten.

Wann eine Zustimmung nötig ist

Grundsätzlich empfiehlt der Mieterbund immer ein Gespräch mit dem Vermieter. Vielleicht ist der ja offen und lässt sich überzeugen, sogar selbst ein Balkonkraftwerk zu betreiben. Auch viele Förderprogramme von Städten oder Landkreisen sind an die Bedingung geknüpft, dass Vermieter der Installation zustimmen.

Rein rechtlich betrachtet ist eine Genehmigung des Vermieters immer dann erforderlich, wenn es eine bauliche Veränderung gibt. Dieser Begriff wird allerdings weit ausgelegt. Als bauliche Veränderung gilt auch jede dauerhafte optische Veränderung der Gesamtansicht des Hauses, zum Beispiel durch den Anbau einer Markise. Ein oder zwei auffällige Solarmodule an der Balkonbrüstung, die nicht zur Mietsache gehört, zählen also regelmäßig dazu.

Mein Vermieter ist eine Wohnungsbaugesellschaft, die sich immer wieder mit Nachhaltigkeit schmückt und erst vor Kurzem alle Mieter angeschrieben hat mit der Bitte, Energie zu sparen. Die Idee greife ich gerne auf – mit einem Balkonkraftwerk.

Die lieben Miteigentümer

In geteiltem Wohneigentum ergibt sich eine ähnliche Situation wie in der Mietwohnung. Statt des Vermieters hat die Eigentümergemeinschaft mitzureden. Seit einer Gesetzesreform zum Dezember 2020 genügt für einen Beschluss die einfache Mehrheit der Anwesenden in der Eigentümerversammlung. Ein Beschluss im Umlaufverfahren kann jedoch nur einstimmig gefasst werden.

Im Mai 2022 sorgte ein Fall aus Braunschweig für Aufsehen: Ein Wohnungseigentümer in einem Mehrfamilienhaus hatte auf dem Flachdach zwei Solarmodule aufgestellt. Das Dach war wie geschaffen dafür: unverschattet, ungenutzt und mit 2000 Quadratmetern riesig. Die Module standen ganz einsam da. Von der Straße aus waren sie überhaupt nicht zu sehen, also war auch die Ansicht des Hauses nicht beeinträchtigt. Doch die Eigentümergemeinschaft entschied, die Module müssten trotzdem weg. Sie würden die Dichtigkeit des Daches gefährden. Und es wurde mit einer Klage gedroht. Der Besitzer wollte keinen Ärger, er baute die Module ab und gab sie an einen Kumpel weiter.

Deshalb bleibt offen, wie ein Gericht den Fall beurteilt hätte. Mittlerweile scheint sich die Lage in Braunschweig allerdings gewendet zu haben. Denn inzwischen hat die Eigentümergemeinschaft beschlossen zu prüfen, ob man nicht eine große Photovoltaikanlage auf dem Dach installieren könnte, die die ganze Fläche nutzt, und von der alle Parteien profitieren würden. Mit dieser Lösung wäre der Wohnungsbesitzer laut „Braunschweiger Zeitung" sehr zufrieden.[11]

In Konstanz ging ein ähnlicher Fall tatsächlich vor Gericht. Ein Wohnungseigentümer hatte sich schon im Frühjahr 2020 ein Balkonkraftwerk zugelegt und wollte es ans Geländer hängen. Doch wegen der Corona-Pandemie konnte die Eigentümerversammlung nicht zusammenkommen und über seinen Antrag entscheiden. Im Oktober 2021 wurde das nachgeholt, und das Ansinnen mit 12 zu 8 Stimmen abgelehnt. Als 2022 der Ukraine-Krieg ausbrach und die Energiekrise auslöste, hängte der Mann sein Kraftwerk, das zwei Jahre lang herumgestanden hatte, trotzdem auf. Schließlich hatte Konstanz als erste Stadt in Deutschland den Klimanotstand ausgerufen und will spätestens 2035 klimaneutral sein.

Doch der Amtsrichter wertete die Interessen der Miteigentümer, die das Balkonkraftwerk hässlich finden, als wichtiger. „Das Problem ist die optische Beurteilung", wird er zitiert. „Soll mein schlechter Geschmack darüber befinden, was schön ist und was nicht?"[12] Es soll eine bisweilen amüsante Verhandlung gewesen sein, in welcher der Richter auch noch sagte: „Vielleicht schreiben Sie in der zweiten Instanz Rechtsgeschichte, aber bei mir nicht."

In München, Stuttgart und Konstanz urteilten Amtsgerichte, deren Entscheidungen für andere Gerichte nicht bindend sind. Mit anderen Worten: In ähnlichen Fällen könnten andere Richter jederzeit zu einem anderen Ergebnis kommen. Prozesse bleiben erst einmal mit hohen Risiken behaftet – für beide Seiten.

Die Rechtslage könnte sich jedoch ändern, wenn Balkonkraftwerke im Miet- und Wohneigentumsrecht privilegiert würden: Die Justizministerkonferenz der Länder hat den Bundesjustizminister bereits darum gebeten, steckerfertige Photovoltaikanlagen in die Liste jener Maßnahmen aufzunehmen, die ein Vermieter und eine Eigentümergemeinschaft dulden müssen. In diesem Katalog stehen jetzt schon Maßnahmen zum Einbruchschutz oder zum Laden von Elektrofahrzeugen. Das wäre ein großer Schritt zur Rechtsklarheit.

Denkmalschutz

Während vorerst offen bleibt, welchen Stellenwert Gerichte dem Klimaschutz im Miet- und Wohneigentumsrecht beimessen, dürfte eine Reform des Erneuerbare-Energien-Gesetzes sich auf andere Rechtsgebiete positiv auswirken. Seit dem 29. Juli gilt ein neuer Grundsatz in § 2 EEG:

Diese zwei Sätze haben Wumms! Mit „Anlage" ist im EEG jede Einrichtung zur Erzeugung von Strom aus erneuerbaren Energien gemeint, also auch ein

Balkonkraftwerke sind auch in älteren Gebäuden und Altbauten möglich.

Balkonkraftwerk. „Schutzgüterabwägung“ bedeutet, dass ein Gericht im Streitfall die Interessen der einen Seite mit denen der anderen abwägt. Und wer ein „überragendes öffentliches Interesse“ gepaart mit der „öffentlichen Sicherheit“ auf seiner Seite weiß, hat wahrlich gute Karten. Nur die Landesverteidigung wiegt schwerer.

Nehmen wir den Denkmalschutz. Der ist in Deutschland Ländersache und in Landesgesetzen geregelt. Photovoltaikanlagen auf oder an denkmalgeschützten Gebäuden müssen genehmigt werden. Früher haben sich die Behörden dem rundheraus verweigert, doch das ändert sich gerade. Auch dabei spielt der neue Grundsatz im EEG – „überragendes öffentliches Interesse“ –

> „Die Errichtung und der Betrieb von Anlagen sowie den dazugehörigen Nebenanlagen liegen im überragenden öffentlichen Interesse und dienen der öffentlichen Sicherheit. Bis die Stromerzeugung im Bundesgebiet nahezu treibhausgasneutral ist, sollen die erneuerbaren Energien als vorrangiger Belang in die jeweils durchzuführenden Schutzgüterabwägungen eingebracht werden.“

eine Rolle. Die Behörden werden Kompromisse machen müssen und haben das in einigen Bundesländern auch schon angekündigt. „Insbesondere im Denkmalschutz, Immissionsschutz, Naturschutz sowie imBau- oder Straßenrecht ist damit zu rechnen, dass Interessen, welche den Energieerzeugungsanlagen entgegenstehen, zukünftig regelmäßig hinter die regenerative Stromproduktion zurücktreten sollen“, schreibt Rechtsanwalt Thomas Binder aus Freiburg. „Die bisherige Rechtsprechung in diesen Bereichen dürfte daher in der Zukunft neu ausgerichtet werden.“

Auch am Ensembleschutz und an sogenannten Erhaltungssatzungen, die das charakteristische Bild ganzer Stadtviertel schützen sollen, werden Balkonkraftwerke jetzt nicht mehr grundsätzlich scheitern. Das war die bisherige Situation etwa in Frankfurt am Main: Balkonsolaranlagen wurden in weiten Teilen der Stadt regelmäßig verboten, weil sie angeblich das Stadtbild stören. DieLokalpolitik hat bereits signalisiert, dass sie das ändern will. Der Bundestag ist ihr mit der EEG-Novelle sozusagen zuvorgekommen.

Versicherung

Es gibt mehrere Versicherungen, die Gefahren im Zusammenhang mit Photovoltaikanlagen abdecken. Die wichtigste ist die Haftpflichtversicherung. Sie springt ein, wenn meine Anlage jemand anderes schädigt, wenn etwa ein Modul herunterfällt und ein geparktes Auto demoliert oder sogar jemanden verletzt. Ich schaue also in die Versicherungsbedingungen meines Anbieters. Dort steht, dass der „Betrieb von Anlagen zur Erzeugung erneuerbarer Energien“ mitversichert sei. Also auch Photovoltaik. Gemeint sind alle Schäden, für die ich als Betreiber der Anlage verantwortlich gemacht werde. Das ist schon mal gut zu wissen.

Andere Versicherungen sind optional. In der Wohngebäudeversicherung wäre die Anlage selbst versichert, also wenn etwa ein Feuer oder ein Hagelsturm die Module zerstören würde. Und dann gibt es noch die „Allgefahrendeckung“ – das ist sozusagen die Luxusklasse einer Versicherung. Sie deckt laut Anbieter „nahezu jede denkbare Gefahr ab“. Wenn jemand nachts mein Solarmodul stiehlt, würde mir sowohl das Modul erstattet als auch der Ertragsausfall, der dann entstünde.

Mein Modul soll im zweiten Stock hängen: Das klaut niemand. Da es senkrecht steht, würden selbst tennisballgroße Hagelkörner den Alurahmen, aber nicht das Glas treffen. Der finanzielle Schaden eines Monstersturms wäre überschaubar, und ein vorübergehender Ertragsausfall fällt auch nicht ins Gewicht. Ich brauche also keine Versicherung außer der Haftpflicht, die ich sowieso abgeschlossen habe. Über die bin ich aber sehr froh: Denn eine Haftpflichtversicherung deckt auch grobe Fahrlässigkeit ab. Die Stiftung Warentest empfiehlt sie als „absolut notwendig“ – und zwar unabhängig davon, ob man ein Balkonkraftwerk hat.

Allgemeine bauaufsichtliche Zulassung (abZ)

Ich hatte gedacht, schon alle rechtlichen Hürden überwunden zu haben. Doch jetzt stellt sich mir das Baurecht in den Weg. Photovoltaikmodule auf einem Dach zu montieren, ist eine Sache. Hängt man sie aber an die Hauswand oder ans Balkongeländer, gelten plötzlich andere Regeln: die Regeln für Glasbau. Deshalb kann man dafür nicht unbedingt alle Module hernehmen.

Die Musterverwaltungsvorschrift Technische Baubestimmungen (MVV TB) ist ein einschüchterndes Dokument von 348 Seiten. Sie wird von der Ministerkonferenz der Bundesländer erarbeitet. Trotzdem lassen es sich die Bundesländer nicht nehmen, ihre jeweils eigenen Vorschriften zu erlassen – als wäre es ein Unterschied, ob ein Solarmodul in Berlin oder in Bayern montiert wird. Sogar die Kommunen können noch eigene Bauvorschriften oben draufsetzen. Aber in weiten Teilen sind die Bestimmungen dann doch identisch.

In der MVV TB steht alles, was Sie schon immer wissen wollten über vertikale Stoßfugen in Brandwänden, die Tragfähigkeit gekuppelter Pfähle oder Horizontallasten für Hubschrauberlandeplätze auf Dachdecken. Nachdem ich ein paar Seiten überflogen habe, ist mir klar, dass an mir kein Bauingenieur verloren gegangen ist. Aber jetzt muss ich mich doch damit befassen, zumindest ein bisschen.

In Abschnitt B.3.2.1 geht es um „Photovoltaische Module“. Wenn die nicht auf dem Dach montiert werden oder in einer abgezäunten Freiflächenanlage, dann sind je nach Einbausituation die Bestimmungen von A.1.2.7 über Glaskonstruktionen zu erfüllen. Ich springe also dorthin und finde wieder einen Verweis, diesmal auf die DIN-Norm 18008-2:2020-05 (Glas im Bauwesen, Teil 2: Linienförmig gelagerte Verglasungen). Es ist ein bisschen wie bei einer Schnitzeljagd. Jetzt muss ich wieder in den Normen-Infopoint an der Frankfurter Fachhochschule fahren, um diese DIN-Norm einzusehen.

Dort angekommen, verliere ich allerdings den Glauben daran, dass ich dieses Dokument jemals vollständig verstehen werde. Ich habe Abitur und ein Hochschulstudium, aber um hier durchzusteigen, muss man wohl Bauingenieur sein. Von „isochorem Druck“ ist in der DIN-Norm die Rede, von Querdehnzahlen, von heißgelagertem oder teilvorgespanntem Glas. Zielgruppe des Texts sind zum Glück Hersteller von Bauprodukten, aber für die Montage von Balkonkraftwerken ist diese Einschränkung für Vertikalverglasungen wichtig: Gewöhnliche Glasmodule dürfen über Verkehrsflächen nur bis zu einer Höhe von 4 Metern verwendet werden. Dabei zählt die Oberkante des Solarmoduls, und es ist unerheblich, ob die Verkehrsfläche öffentlich zugänglich ist oder nicht.

4 Meter an der Oberkante – das geht noch im Hochparterre und vielleicht gerade noch im 1. Stock. Höher montiert, muss das Solarmodul speziellen Anforderungen genügen. Man spricht von Vertikalverglasung, wenn die Neigung 80 bis 90 Grad beträgt, ansonsten von Horizontal- oder Überkopfverglasung. Diese Anforderungen erfüllen Module mit einer allgemeinen bauaufsichtli-

chen Zulassung (abZ). Eine abZ vergibt das Deutsche Institut für Bautechnik nach einer Prüfung. In der geht es unter anderem darum, dass auch beschädigte Module noch eine gewisse Resttragfähigkeit garantieren müssen: Bei Glasbruch dürfen schließlich keine großen Splitter herabfallen.

Wenn ich mit Fachleuten aus der Solarbranche darüber rede, erscheint mir das wieder wie eine Ausgeburt deutscher Gründlichkeit. In unseren Nachbarländern gebe es diese Regel nicht, sagen sie. Und auch gewöhnliche Solarmodule seien keineswegs unsicher. Auch die würden durch die laminierte Rückseitenfolie zusammengehalten, wenn sie beschädigt würden. Holger Laudeley erzählt mir, dass er sogar mal ausrangierte Solarmodule von einem Hallendach geworfen hat, um der Freiwilligen Feuerwehr zu beweisen, dass da eben kein riesiges Trümmerfeld aus Glassplittern entsteht.

Und warum müssen Glasmodule diese besonderen Auflagen eigentlich erst ab 4 Metern Höhe erfüllen und nicht bei 3,90 Metern? Das ist wohl historisch begründet. Man wollte eine Ausnahme für Schaufensterscheiben machen, die in der Regel nicht höher als 4 Meter sind. Das zeigt deutlich: Es ist eine Frage des politischen Willens, was man zulässt oder verbietet. Wenn es Ausnahmen für Schaufenster gibt, könnte es auch Ausnahmen für Balkonkraftwerke geben.

Das Problem mit den abZ-Modulen ist, dass es nur sehr wenige davon gibt und die auch nicht gerade günstig sind. Die Firma Solarwatt aus Dresden ist mit ihren „construct"-Modulen eine von wenigen Ausnahmen. Doch nur sehr selten werden diese Module als Balkonkraftwerk angeboten. Deshalb setzen viele gleich ganz auf glasfreie und sehr leichte Kunststoffmodule. Für die gilt die 4-Meter-Regel nämlich nicht. Aber auch Kunststoffmodule sind teurer als gewöhnliche Glasmodule und halten womöglich auch nicht so lange. Sie werden oft mit Gurten, Industrieklettbändern oder Edelstahlkabelbindern am Balkongeländer festgezurrt. Dafür sind dann ringsherum bereits Ösen vorhanden. Ich bin skeptisch, ob das so gut hält, dass die Module nicht bei Wind und Sturm klappern. Wenn die sich dauernd bewegen, werden sie mechanisch belastet.

> Wer auf der Website des DIBt (siehe QR-Code) nach „Photovoltaik" sucht, findet die paar Photovoltaikmodule mit allgemeiner bauaufsichtlicher Zulassung (abZ).

Was mich betrifft, so habe ich großes Glück: Unter dem Balkon, an dem mein Balkonkraftwerk hängen soll, ist keine Verkehrsfläche, sondern ein Blumenbeet. Da hält sich niemand auf. Ich brauche mir also kein teures abZ-Modul zuzulegen.

KAUF

Mit meinem Projekt Balkonkraftwerk bin ich inzwischen auf der Zielgeraden. Mir fehlt bloß noch das richtige Modell und ein Befestigungssystem, dann bin ich bereit zur Montage. Kann ja nicht so schwer sein. Allerdings ist der Markt unübersichtlich. Die Wechselrichter gleichen einander in vielen technischen Daten, und auf den ersten Blick sehen alle Solarmodule ähnlich aus. In der Werbung wimmelt es nur so von Fachbegriffen wie „Halbzellen", „bifazial" oder „PERC"; die Hersteller überbieten einander mit Werbeaussagen. Die einen preisen ein „hervorragendes Schwachlichtverhalten" an, die anderen bezeichnen ihre Module als „verschattungsresistent" und stellen üppige Mehrerträge in Aussicht. Wie soll ich das bloß überprüfen? Und was soll ich kaufen?

Ich muss mich also doch tiefer einarbeiten in die Technik.

Eigentlich besteht ein Steckersolargerät ja nur aus drei Elementen: Solarmodul(en), Mikrowechselrichter, Leitungen. Man könnte die Komponenten einzeln kaufen und kombinieren. Dann müssen die technischen Daten zueinander passen, vor allem Spannung und Stromstärke. Was das Modul liefert und was der Wechselrichter verträgt, geht aus dem jeweiligen Datenblatt hervor. Wenn man ein fertiges Steckersolargerät oder ein Set kauft, wird einem diese Arbeit abgenommen.

Wie üblich variieren die Preise stark – je nachdem, ob ich nur ein anonymer Kunde bin oder eine persönliche Kaufberatung bekomme. Manche Anbieter übernehmen die Anmeldung beim Netzbetreiber und im Marktstammdatenregister oder helfen zumindest, wenn dabei Probleme auftreten.

Gewährleistung und Garantie

Immer wieder tauchen die Begriffe Gewährleistung und Garantie auf. Die Unterschiede waren mir bis jetzt gar nicht im Detail klar. Aber sie sind erheblich.

Die Gewährleistung ist gesetzlich garantiert, und der Anspruch besteht gegenüber dem Verkäufer. Funktioniert das Produkt nicht einwandfrei, muss der Verkäufer auf eigene Kosten nachbessern, also reparieren oder Ersatz liefern. Der Gewährleistungszeitraum beträgt zwei Jahre, doch wechselt nach einem Jahr die Beweislast. In den ersten zwölf Monaten wird davon ausgegangen, dass festgestellte Mängel schon beim Kauf bestanden haben, und der Hersteller müsste belegen, dass das nicht der Fall ist. Im zweiten Jahr obliegt es dem Käufer zu beweisen, dass das Produkt von Anfang an mangelhaft war.

Die Garantie ist im Gegensatz zur Gewährleistung nicht gesetzlich geregelt, sondern wird privatwirtschaftlich zugesagt, und zwar vom Hersteller eines Produkts. Kommt ein Wechselrichter oder ein Solarmodul aus China, hat man im Garantiefall womöglich mit dem chinesischen Hersteller zu tun. Die Garantie besteht auch nur nach den Garantiebedingungen, die das Unternehmen festlegt. Die enthalten in der Regel einige Vorgaben, deren Nichteinhaltung einen Verlust der Garantie bedeutet. Manchmal machen es diese Bedingungen sehr schwer für den Kunden, die Garantie tatsächlich nutzen zu können.

Wichtig ist bei einer langen Garantiezeit von vielleicht 15 Jahren oder mehr auch die Frage, ob es den Hersteller dann überhaupt noch gibt. Mit einer Insolvenz ginge auch die Garantie flöten. Das spricht für Produkte von etablierten Unternehmen, die schon lange im Markt tätig sind. Andererseits ist das Ausfallrisiko bei Solarmodulen gering, eher geht ein Wechselrichter kaputt.

Solarmodule

Auf technischer Seite bestimmen in erster Linie die Solarmodule den Ertrag des Balkonkraftwerks. In den vergangenen Jahrzehnten hat es beträchtliche Fortschritte gegeben. Wunder kann allerdings kein Hersteller wirken, auch wenn manche Werbeaussage danach klingt. Es lohnt sich auf alle Fälle ein Blick ins Datenblatt, wo alle technischen Details aufgeführt sind.

Leistung und Nennleistung

Hersteller weltweit geben die Leistung ihrer Module in Watt-Peak (Wp) an. Irgendwie klar, dass sie dabei glänzen wollen. Ihre Angaben beruhen auf einem Testverfahren unter genormten Standardbedingungen (STC = Standard Test Conditions). Die Bestrahlungsstärke beträgt dabei 1000 Watt je Quadratmeter und die Zellentemperatur 25 Grad. Das ist nicht gerade praxisnah, da sich das Modul im Sommer deutlich stärker aufheizt und damit die Leistung sinkt. Außerdem werden für den Standardtest Annahmen getroffen über die Luftmasse, die das Sonnenlicht durchkreuzen muss, und über dessen spektrale Zusammensetzung.

Die Leistung der angebotenen Module nimmt immer weiter zu. Früher waren 250 Wp normal, jetzt sind es schon um die 370, und längst werden auch Module mit 400 oder mehr Wp angeboten. Dahinter steht jedoch keine wundersame Leistungsexplosion. Wer ins Datenblatt der Module schaut, erfährt, dass die Mehrleistung zum großen Teil durch eine größere Modulfläche erzielt wird. Die kann aber auch hinderlich sein. Ein Modul mit einer Breite von 1,15 Metern könnte man längst nicht mehr so flexibel platzieren, es steht womöglich über die Balkonbrüstung hinaus und verärgert den Nachbarn im Geschoss darunter.

Wirkungsgrad und Temperaturkoeffizient

Der Wirkungsgrad gibt an, wie viel der verfügbaren Sonnenenergie das Modul in Strom verwandeln kann. Bei gebräuchlichen Photovoltaikmodulen ist dieser Wert mittlerweile von 15 auf bis zu 24 Prozent gestiegen. 20 Prozent wären

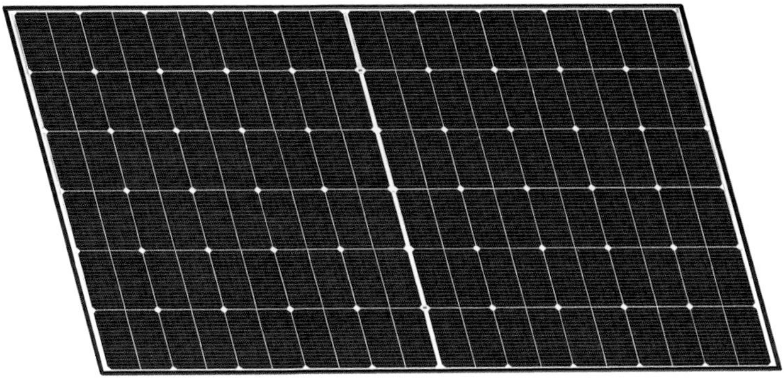

Hochwertiges Glas-Folie-Modul mit 120 Halbzellen von Meyer Burger

schon eine solide Leistung. Mehr ist besser, aber auch teurer. Man könnte sich ausrechnen, ob ein paar Wattstunden Mehrertrag den Aufpreis von Hochleistungsmodulen rechtfertigen.

Bei einer Aufdachanlage ist es oft egal, ob dieselbe Leistung durch zwölf große Standardmodule oder zehn kleinere Hochleistungsmodule erbracht wird. Bei einem Balkonkraftwerk mit ein oder zwei Modulen kann die Leistungssteigerung durch einen höheren Wirkungsgrad willkommen sein.

Der Wirkungsgrad sinkt mit zunehmender Temperatur. Sonne ist gut, Hitze nicht. Man muss sich also nicht wundern, wenn im Hochsommer aus einem 300-Wp-Modul keine 300 Watt herauskommen. Das Modul heizt sich nämlich weit über die Standardtemperatur hinaus auf. Im Winter, wenn es knackig kalt ist und die Sonne scheint, kann man hingegen eine sehr passable Leistung erzielen. Höchstleistungen dürften die Module im Frühjahr vollbringen, wenn sie schön kühl sind, die Sonne nach einem Regen vom kristallklaren Himmel scheint, kräftig Bums hat, und sich das Licht noch in der nassen Umgebung spiegelt. Dann kann ein Modul auch mal kurzzeitig über seine Nennleistung hinaus gehen.

Der Temperaturkoeffizient jedenfalls sagt aus, wie viel Leistung das Modul mit steigender Temperatur verliert. Ein Wert von –0,4 Prozent etwa bedeutet bei einem 300-Watt-Modul: Mit jedem Grad Temperaturanstieg sinkt die Leistung um 0,004 x 300 W = 1,2 Watt.

Ausgangswert ist immer eine Temperatur von 25 Grad Celsius. Bei dieser Temperatur wird der Standardtest durchgeführt. Wenn sich das Modul im Hochsommer auf 60 Grad erhitzt, liefert es von den 300 Watt Nennleistung aber nur noch 258 Watt. Das wäre ein Verlust von 42 Watt oder 14 Prozent. Und so habe ich das ausgerechnet:

300 W – ((60–25) x 0,004 x 300 W) = 258 W

Glas-Folie oder Glas-Glas oder ganz ohne Glas

Die meisten Balkonkraftwerke werden mit Glas-Folie-Modulen verkauft. Die oberste Schicht besteht aus Glas, dahinter liegen die hauchdünnen Solarzellen, und rückseitig ist das Modul mit einer mehrlagigen Kunststofffolie laminiert. Auch diese Folie ist immer besser geworden: Sie bildet eine Feuchtigkeitssperre, ist UV-beständig und reißfest. Trotzdem sollte man Acht geben, dass sie beim Transport nicht beschädigt wird. Glas-Folie-Module sind günstig und in der Regel für Steckersolargeräte ausreichend.

Noch robuster sind Solarmodule mit Glasrückseite. Dann sind die Zellen komplett in Glas vergossen. Diese Glas-Glas-Module sind unter anderem deshalb besonders langlebig, weil sie weniger empfindlich sind gegen Mikrorisse, die durch Spannungen aufgrund von Temperaturschwankungen entstehen. Viele Hersteller geben hier besonders lange Garantien. Glas-Glas-Module werden bevorzugt in rauen Umgebungen eingesetzt wie an der Küste (Salznebel) oder in der Landwirtschaft (Ammoniak durch Tierhaltung). Es spricht grundsätzlich nichts dagegen, Doppelglasmodule auch für Balkonkraftwerke zu nutzen. Sie sind bloß schwerer.

Deutlich leichter sind glasfreie und flexible Module, bei denen die Zellen in Kunststoff eingebettet sind. Ihren Gewichtsvorteil können diese Module vor allem am Balkongeländer ausspielen. Bezogen auf die erbrachte Leistung sind die flexiblen Module aber deutlich teuer. Und was die Lebensdauer betrifft, bleibe ich skeptisch, denn Kunststoff leidet stärker unter der UV-Strahlung als Glas.

Besondere Zelltechnologien im Überblick

Bifaziale Module: „Bifacial" ist englisch und bedeutet „zweigesichtig". Diese Module können sowohl die direkte Sonneneinstrahlung auf die Vorderseite wie auch indirekte Einstrahlung auf die Rückseite in Strom umwandeln. Statt einer geschlossenen Folie wird eine transparente Folie oder eine Glasscheibe auf der Rückseite verwendet. Der Mehrertrag ist umso größer, je weiter so ein Modul vom Untergrund entfernt ist. Als Einsatzort ideal wäre ein Balkongeländer auf einer Dachterrasse, das auch von der Rückseite viel diffuses Licht bekommt.

Heterojunction: In diesen Modulen sind verschiedene Siliziumschichten miteinander kombiniert. So fließt der Strom mit weniger Widerstand durchs Modul. Das soll sich auch bei Schwachlicht positiv auswirken. Fachleute sehen in der Heterojunction-Technologie großes Potenzial für die zukünftige Modulentwicklung.

PERC: Diese Abkürzung steht für „Passivated Emitter and Rear Cell", zu Deutsch: „Zelle mit passivierter Emissionselektrode und Rückseite". Hinter dem komplizierten Namen verbirgt sich ein einfaches Prinzip: Die Solarzelle kann nicht aus dem ganzen Spektrum der Lichtstrahlung Elektrizität erzeugen; deshalb soll die nicht genutzte Strahlung an der Rückseite des Moduls reflektiert und nochmals in die Zelle geleitet werden.

Modultechnologie

Früher wurden vorwiegend polykristalline Zellen verwendet. Sie haben einen Wirkungsgrad von 15 bis 20 Prozent. Diese Zellen schimmern in Blautönen und weisen erkennbare Farbunterschiede auf, weshalb diese Module eher unruhig aussehen. Sie sind vom Markt weitgehend verschwunden. Stattdessen werden – vor allem für Balkonkraftwerke – mittlerweile fast nur noch monokristalline Module angeboten. Sie sind schwarz und sehen homogener aus. Vor allem sind sie ergiebiger.

Auch die Halbzellentechnologie hat sich am Markt durchgesetzt. Die quadratischen Zellen der Standard-Vollzellenmodule sind bei Halbzellenmodulen in der Mitte geteilt, was auf den ersten Blick erkennbar ist. Die Zellteilung reduziert den durchfließenden Strom und damit Widerstand und Leitungsverlust. Die Leistung des Moduls steigt so um bis zu 3 Prozent. Statt durch die üblichen drei Stränge („strings") wird der Strom in einem Halbzellenmodul durch sechs Stränge geleitet. Und das verbessert das Verhalten bei einer Teilverschattung. Da kann die Hälfte des Moduls weiter Strom produzieren, als wäre nichts gewesen (trotzdem sollte ein Photovoltaikmodul immer einen unverschatteten Platz bekommen).

Während also monokristalline Halbzellen mittlerweile Standard sind, setzen manche Hersteller schon auf weitere besondere Technologien (siehe Kasten). Teilweise werden die auch miteinander kombiniert.

Wie sich die einzelnen Modultechnologien im Wettbewerb schlagen, kann man selbst praktisch nicht herausfinden. Ein Langzeit-Feldtest von vier verschiedenen Modultypen, die am gleichen Ort mit derselben Ausrichtung und Neigung installiert wurden, macht die Unterschiede aber sichtbar: Der Photovoltaikhersteller Victron Energy hat dazu in Rumänien eine Versuchsanlage errichtet, deren Ertrag live im Internet protokolliert wird (siehe QR-Code).

Verschiedene Modultypen im Langzeitvergleich

Im Rennen sind mono- und polykristalline Module sowie solche mit Halbzellen oder PERC-Technologie. Allerdings gelten auch diese Daten genau genommen erst einmal nur für diesen konkreten Standort. Der Ertrag einer Solaranlage variiert je nach vorherrschenden Wetterbedingungen. Auch eine Teilverschattung würde die Ergebnisse beeinflussen, da manche Module besser damit klarkommen als andere. Die Modulhersteller werden bei dem Vergleichstest übrigens nicht genannt.

Produkt- und Leistungsgarantie

Solarmodule altern, man spricht von Degradation. Ich bin überrascht zu lesen, dass sie sogar schon in den ersten Wochen einen kleinen Teil ihrer Leistung verlieren. Zum Glück altern kristalline Solarmodule so langsam, dass es schon eine Herausforderung darstellt, diese Leistungsverluste überhaupt nachzuweisen. Eine Studie des Fraunhofer Instituts für Solare Energiesysteme an 44 größeren, qualitätsgeprüften Aufdachanlagen hat eine durchschnittliche jährliche Degradation der Nennleistung von etwa 0,15 Prozent ergeben.

So können die Hersteller lange Leistungsgarantien geben. Üblich sind Garantien über einen maximalen Leistungsverlust von 10 bis 15 Prozent über einen Zeitraum von 25 bis 30 Jahren Dauerbetrieb. Diese Garantie kann linear verlaufen oder in Stufen.

Wichtig ist der Unterschied zwischen Leistungs- und Produktgarantie. Die meist deutlich längere Leistungsgarantie bezieht sich allein auf die elektrische Leistung, die das Modul abgibt. Alle anderen Probleme mit dem Modul wie eine mangelhafte Verklebung des Rahmens fallen unter die kürzere Produktgarantie.

Optik

Für manche Käufer spielt auch das Aussehen ihrer Anlage eine wichtige Rolle. Das scheint umso mehr der Fall zu sein, je mehr die Module ins Sichtfeld rücken, etwa wenn sie am Balkon hängen, statt auf einem Flachdach zu verschwinden. Mittlerweile werden Solarmodule deshalb regelmäßig in verschiedenen Varianten angeboten, von Classic über Black bis Full Black.

Standard ist ein silberner Alurahmen und eine weiße Rückseitenfolie hinter den schwarzen Zellen. Dann sieht man das klassische Gittermuster der Module. Die Black-Versionen haben entweder nur einen schwarzen Rahmen mit schwarzer Folie, oder es sind sogar noch die silbernen Lötstreifen am Rand des Moduls geschwärzt. Das empfinden viele als noch moderner und eleganter. Das Full-Black-Modul ist dann kaum noch als Solarmodul zu erkennen und fügt sich harmonisch in die Architektur ein. Diese Dinger finde ich richtig schick. Allerdings schluckt eine schwarze Rückseitenfolie mehr Licht als eine weiße, weshalb diese Module bei gleicher Größe etwas weniger Leistung bringen. Module mit schwarzem Rahmen waren früher erheblich teurer als die silberne Variante, doch der Preisunterschied ist immer kleiner geworden.

Glasfreie flexible Module gehen, wenn sie am Balkongeländer hängen, optisch oft als Sichtschutz durch. Das dürfte die Abstimmung mit kritischen Vermietern oder Nachbarn erleichtern.

Made in China

Wir müssen noch kurz über eine Schattenseite der Solarbranche reden: Die Abhängigkeit vom autoritären China. Innerhalb von nur 15 Jahren hat China es geschafft, den Weltmarkt zu dominieren. 71 Prozent aller Solarmodule weltweit und sogar 97 Prozent aller Wafer – dabei handelt es sich um ein Vorprodukt der Solarmodulproduktion – werden in China hergestellt. 75 Prozent des weltweit benötigten Siliziums stammt aus chinesischer Produktion. Mit Steuererleichterungen, billigem Kohlestrom und anderen Anreizen hat die Regierung die Solarindustrie gezielt in der Uigurenregion Xinjiang angesiedelt, wo sie ein System der Zwangsarbeit errichtet hat.

Die vier weltgrößten Produzenten von Photovoltaikmodulen sind chinesische Firmen: LONGi Green Energy, JinkoSolar, JA Solar und Trina Solar. Der fünftgrößte Hersteller, Canadian Solar, ist zwar in Kanada registriert, produziert aber in China. Solarmodule dieser Firmen werden auch in Deutschland als Balkonkraftwerke verkauft, oft als Preiskracher.

Diese Unternehmen sind unterschiedlich stark in das chinesische System eingebunden, wie ein Bericht der britischen Sheffield Hallam University zeigt. Fast jeder große chinesische Modulhersteller hat demnach eine Verbindung zu Xinjiang – entweder durch Investitionen oder durch Geschäftsbeziehungen zu Lieferanten aus der Region. Zwangsarbeit findet sich laut dem Bericht entlang der ganzen Lieferkette höchstwahrscheinlich in einem Großteil der chinesischen Solarprodukte.[13]

Zwar müssen auch die deutschen Hersteller auf Vorprodukte aus China zurückgreifen, doch hat es einige Vorteile, Solarmodule made in Germany zu kaufen: Mehr Wertschöpfung findet dann in Deutschland statt und nicht in einem autoritären Staat, die Module werden hierzulande mit einem erheblichen Anteil erneuerbarer Energie produziert, und die Endprodukte müssen nicht noch um die halbe Welt transportiert werden. Für mich sind diese Aspekte wichtige Kriterien bei der Wahl meines Balkonkraftwerks.

Aber Vorsicht: Auch deutsche Firmen *produzieren* nicht immer in Deutschland, selbst wenn die Werbung anderes nahelegt. Ein „Familienunternehmen mit Tradition im Spessart“ lässt auch Module in China fertigen. Die Angabe „Deutsche Herstellergarantie“ bedeutet letztlich nur, dass eine deutsche Firma als Garantiegeber auftritt. Bei solchen Formulierungen würde ich stutzig werden. Mit gezieltem Nachfragen beim Händler kann man zeigen, dass einem der Produktionsstandort und die Produktionsbedingungen wichtig sind.

In Deutschland produzieren die Firmen Aleo, Heckert Solar, Meyer Burger und die Sonnenstromfabrik. Solarwatt und die Solarfabrik stellen *manche* Module aus ihrem Sortiment in Deutschland her, andere lassen sie in Asien fertigen. In Österreich produziert die Firma energetica Solarmodule in einer CO_2-neutralen Fabrik mit 100 Prozent Ökostrom aus Wasserkraft und Photovoltaik.

Wetterfestigkeit und Lebensdauer

Dass der Wechselrichter keine beweglichen Teile hat, kommt seiner Lebensdauer prinzipiell zugute. Trotzdem wird er durch extreme Temperatur- und Feuchtigkeitsschwankungen stark beansprucht. Deshalb ist es so wichtig, ihn an einem schattigen und gut belüfteten Ort anzubringen. Sonst wird er zur Schwachstelle der ganzen Anlage. Damit das Gerät wetterfest ist, ist die Elektronik komplett mit Silikon vergossen. Mikrowechselrichter erfüllen die Schutzklasse IP 65 (Geschützt gegen Strahlwasser aus beliebigem Winkel) oder gar die IP 67 (Schutz gegen zeitweises Untertauchen in Wasser). Das macht allerdings auch eine Reparatur schwierig und eher unwirtschaftlich. Defekte Geräte können aber leicht ausgetauscht werden, da sie über einfache Steckverbindungen an die Module angeschlossen werden.

Wechselrichter

Der Wechselrichter ist diese kleine Kiste, in der alle Kabel zusammenlaufen. Es gibt grundsätzlich zwei Arten von Geräten: String-Wechselrichter und Mikrowechselrichter, die auch Modulwechselrichter genannt werden.

String-Wechselrichter werden vorwiegend für große Anlagen eingesetzt. Sie verkraften sehr hohe Spannungen bis 1000 oder sogar 1500 Volt. Deshalb kann man problemlos viele Solarmodule zu Reihen (englisch: „strings“) zusammenschalten und diese an den String-Wechselrichter anschließen. Dessen großer Nachteil ist, dass alle Module gleich ausgerichtet und geneigt sein müssen. Dieses System kommt auch nicht gut mit Verschattungen klar.

Da spielen die Mikrowechselrichter ihre Stärke aus. Sie sind für eine kleine Anzahl von Modulen konzipiert. Wer hingegen eine große Anlage errichten will, könnte viele Mikrowechselrichter zusammenschalten. Das ist sinnvoll an Standorten, an denen es ständig wechselnde Verschattungssituationen gibt, denn jeder der Mikrowechselrichter kann sein Modul gezielt ansteuern und die bestmögliche Leistung aus ihm herauskitzeln. Man nennt das MPP-Tracking (MPP steht für „maximum power point“).

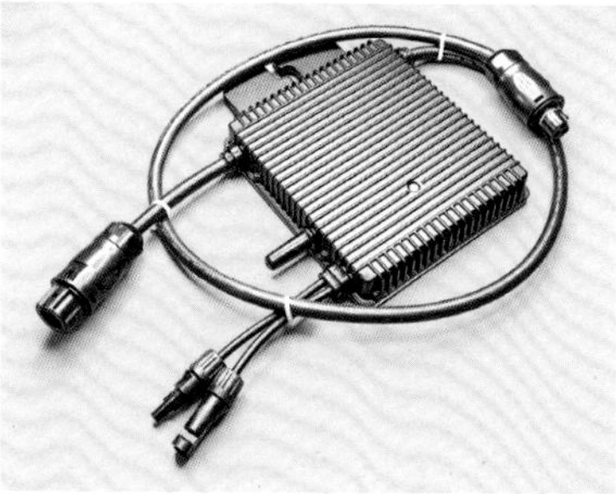

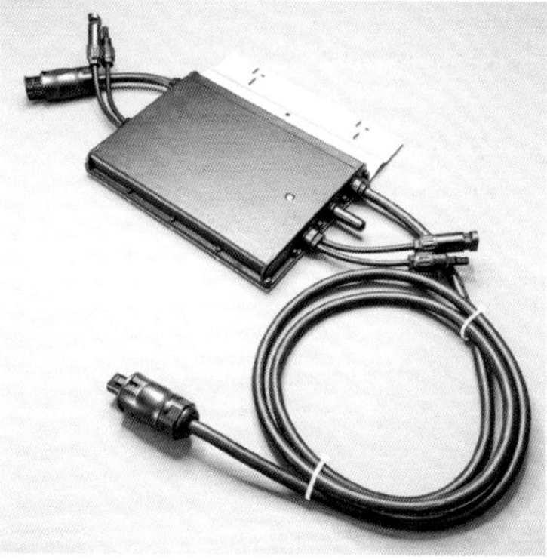

Mikrowechselrichter
mit 300 (oben) und 600 Watt

Da sich die Bestrahlung des Solarmoduls ständig ändert, muss der Wechselrichter immer wieder die ideale Kombination aus Stromstärke und Spannung finden, den „maximum power point“ eben: Er sucht ihn mehrmals in der Sekunde. Je besser ihm dieses Ausmitteln gelingt, desto besser ist das Gerät. Bekannte chinesische Hersteller sind Hoymiles und Envertech. Geräte des deutschen Herstellers AEconversion sind vergleichsweise selten zu finden.

Viele Mikrowechselrichter mit zwei Eingängen für zwei Solarmodule bieten ein separates MPP-Tracking für jedes Modul. Das bedeutet in der Praxis, dass die Module unterschiedlich ausgerichtet werden können, etwa eines nach Südosten und das andere nach Südwesten. Ist *ein* Modul verschattet oder wird aus einem ungünstigen Winkel bestrahlt, liefert das andere trotzdem die volle Leistung.

Überbelegung

Es ist üblich, dass die Solarmodule mehr Leistung haben als die mit ihnen kombinierten Wechselrichter. Man nennt das auch Überbelegung. So kann etwa ein 370-Wp-Modul an einem 300-Watt-Wechselrichter betrieben werden.

Hintergrund ist, dass die maximal mögliche Modulleistung sowieso nur selten erreicht wird – unter optimalen Standardbedingungen nämlich. Dann könnte der kleinere Wechselrichter tatsächlich nicht die volle Leistung aus dem Modul herausholen. Die meinste Zeit jedoch wird die Leistung des Wechselrichters gar nicht ausgeschöpft. An trüben Novembertagen ist man dann froh, wenn das stärkere 370-Wp-Modul zumindest ein paar Watt mehr liefert als eines mit nur 300 Wp.

Kabel und Stecker

Für die Gleichstromseite, also die Verbindung von Solarmodul und Wechselrichter, werden meistens Solarkabel mit speziellen Steckverbindern verwendet. Die sind kinderleicht zusammenzustecken und verpolungssicher. Man kann Plus- und Minuspol also nicht versehentlich vertauschen. Die Stecker rasten mit einem gut hörbaren Klicken in die Buchse ein und sind dann verriegelt. Zum Öffnen muss man zunächst mit spitzen Fingern oder mit einem speziellen Werkzeug zwei Widerhaken lösen.

Die Steckverbindungen sind im gesteckten Zustand geschützt gegen Spritzwasser aus allen Richtungen und gegen das Eindringen von Staub. Das gilt allerdings nur, wenn Stecker und Buchse vom selben Hersteller stammen. Schon geringe Toleranzen können dazu führen, dass Wasser eindringt und die Leitungen korrodieren.

Der MC-4-Steckverbinder wurde von der Schweizer Firma Multi-Contact entwickelt, die heute Stäubli heißt. Weil der Verbinder weltweit verbreitet ist, gibt es auch viele Nachbauten, die ebenfalls als MC-4 verkauft oder zumindest als MC-4-kompatibel angepriesen werden. Stäubli weist darauf hin, dass es

Solarkabel mit MC-4-Steckverbinder

Entriegelungswerkzeug für MC-4-Steckverbinder

Betteri-Buchse

keine Stecker anderer Hersteller gibt, die nachgewiesen kompatibel wären.

Kompatibilität kann wichtig sein, wenn man zum Beispiel die Kabel zwischen Modul und Wechselrichter verlängern muss. Tatsächlich findet man in Onlineshops viele Verlängerungskabel mit Steckern, die sehr ähnlich aussehen, aber deutlich günstiger sind als die Originalteile. Das kann ins Auge gehen. Ich hatte schon Billigstecker aus China in der Hand, die so locker saßen, dass sie sich ohne Werkzeug auseinanderziehen ließen. Nur um ein paar Euro zu sparen, würde ich das Risiko nicht eingehen, dass da Feuchtigkeit eindringt und die Kontakte korrodieren.

Auf der Wechselstromseite – das ist die Verbindung des Wechselrichters mit dem Stromnetz – werden spezielle Leitungen verwendet, die robuster sind als übliche Haushaltskabel. Sie kommen etwa auch auf Baustellen zum Einsatz. Am Wechselrichter werden sie oft mit einem Betteristecker angeschlossen. Auf den setzen zum Beispiel die großen chinesischen Hersteller Hoymiles und Envertech. Andere Wechselrichter haben eine Wielandkupplung (AEconversion) oder ein spezielles AC-Bus-Stecksystem (AP Systems). Am anderen Ende des Netzkabels hängt dann der Schuko- oder ein Wielandstecker.

Leistungsmessgeräte und -Apps

Die Leistung meines Balkonkraftwerks dauernd zu messen, habe ich zuerst für unnütze Spielerei gehalten. Mittlerweile ist mir klar, wie sinnvoll das ist. Wie sollte ich denn sonst überhaupt merken, wenn das Gerät gar nicht mehr funktioniert? Außerdem halten mir Bekannte mit Steckersolargeräten neuerdings ständig ihr Smartphone unter die Nase, auf dem die Stromerzeugung live zu verfolgen ist. Das will ich auch haben.

Die einfachsten Messgeräte sind Zwischenstecker. Sie selbst stecken in der Balkonsteckdose, und das Kabel des Balkonkraftwerks wiederum steckt in ihrer Steckdose. Solche Messgeräte kosten zwischen 10 und 60 Euro. Die meisten, aber nicht alle messen Strom in beiden Richtungen, sind also auch für die Einspeisung geeignet.

Beliebt und ebenfalls günstig ist der Shelly Plug. Der kann ins Heimnetz eingebunden werden und Verbraucher auf Befehl zu- oder abschalten. Beim Balkonkraftwerk ergibt das Schalten in der Regel keinen Sinn, wohl aber die Übertragung der Messdaten aufs Smartphone. Dazu gibt es von Shelly eine App. Leider muss man seine Daten in eine Cloud des Herstellers übertragen, um alle Funktionen zu nutzen. Die Installation hat mich viele Nerven gekostet, dann aber sieht man grafisch aufbereitet die Einspeiseleistung im Tagesverlauf, und zwar von überall, wo es Internet gibt, also auch, wenn man unterwegs ist.

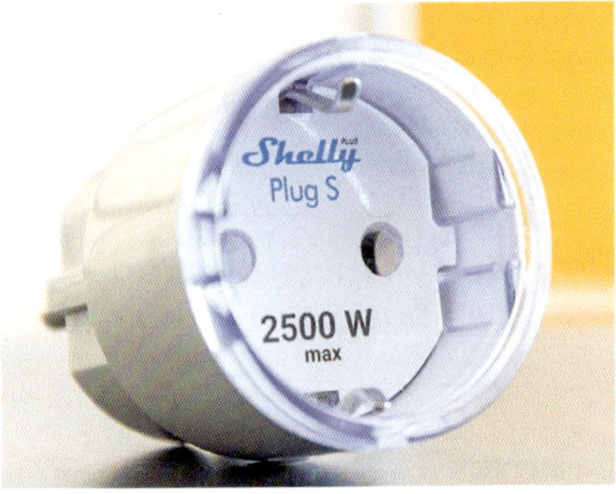

Zwischenstecker Shelly Plug S

Sowohl die einfachen Messgeräte als auch der Shelly Plug sind für Innenräume gemacht, sie bieten keinen Wetterschutz. Das ist ein Vorteil der Smart-Home-Steckdose Fritz!Dect 210 vom deutschen Hersteller AVM. Sie erfüllt die Schutzklasse IP 44 und kommt deshalb auch mit Spritzwasser klar. Ideal arbeitet die Dose mit einer Fritzbox zusammen, einem WLAN-Router von AVM. Dann kann man die Einspeiseleistung übersichtlich darstellen.

Alle bislang vorgestellten Geräte funktionieren nur mit Schukostecker. Wer mit dem Wielandstecker einspeisen möchte, hat keine so große Auswahl. Ich kenne nur ein Messgerät für dieses Stecksystem: den PiE Smart Energiemesser Wieland von Plugin Energy. Eine andere Lösung kann zum Beispiel ein winziges Messgerät sein, das direkt am Stromkreis hängt und im Inneren einer Steckdose versteckt wird. Die Daten werden per WLAN ausgelesen. Diese Lösung ist elegant, weil unsichtbar und wetterfest. Man kann sie sowohl mit einem Wieland- wie auch mit einem Schukostecker verwenden. Einen Haken gibt es aber: Diese kleinen Messgeräte hinter der Steckdose darf genau genommen nur eine Elektrofachkraft einbauen. Viele machen es trotzdem selbst, weil es auch nicht wesentlich komplizierter ist, als eine Deckenleuchte anzuklemmen. Kommt sowieso ein Elektriker ins Haus, um eine Wielanddose zu installieren, könnte er ohne großen Mehraufwand auch gleich ein solches Messgerät einsetzen, zum Beispiel einen Shelly Plus 1PM.

Das Shelly-System lässt sich auch noch erweitern – mit einem Messgerät für alle drei Phasen der Hauselektrik, das im Sicherungskasten installiert wird. So erhält man Daten zum Live-Verbrauch des gesamten Haushalts und auch zur Überschusseinspeisung ins öffentliche Stromnetz. Mehr Transparenz geht nicht. Wer die Shelly-Cloud nicht mag, so wie ich, kann auf die Daten der Shelly-Messgeräte auch mit einer offenen Software zugreifen wie etwa dem Home Assistant. Das bedeutet aber einige Bastelei und wäre ein Projekt für lange Winterabende.

Fein raus sind all diejenigen mit einem Wechselrichter mit integriertem WLAN-Modul. Sie können direkt auf die Erzeugungsdaten im Gerät zugreifen. Bei manchen Modellen ist das aber gar nicht so leicht. So haben etwa die Geräte von Hoymiles zwar schon eine integrierte Antenne. Sie ist für die Kommunikation mit einer zentralen Datenübertragungseinheit (DTU) des Herstellers gedacht. Hintergrund ist, dass die Mikrowechselrichter auch in großen Photovoltaikanlagen eingesetzt werden und dann gleich ein Dutzend oder mehr dieser Geräte zusammengeschaltet sind. Um die alle zu überwachen, lohnt sich die Anschaffung einer DTU – für ein Balkonkraftwerk mit einem oder zwei Modulen wäre sie aber zu teuer. Wer sich jedoch ein kleines Gehäuse bastelt mit einem WLAN-Modul, kann die Daten direkt aus dem Wechselrichter abgreifen und dann sogar sehen, welches Modul wie viel Leistung bringt. Tüftler finden weitere Informationen dazu unter dem nebenstehenden QR-Code.

Balkonkraftwerk mit Speicher

Viele, die jetzt eine Mini-Solaranlage wollen, leitet der Wunsch nach Energieautarkie und auch die Angst vor einem Ausfall des Stromnetzes. Das haben natürlich auch die Hersteller erkannt – und ziehen mit Speicherlösungen nach. Diese Plug-and-Play-Angebote heißen Solargeneratoren oder Powerstations und werden für den Campingbedarf, als Notstromversorgung oder gezielt als Erweiterung für Balkonkraftwerke angeboten. Die Idee klingt erst einmal überzeugend: Denn warum sollte ich von dem am Tag erzeugten Sonnenstrom einen Teil verschenken und ins Netz einspeisen, statt ihn nachts selbst zu verbrauchen?

Manche dieser Geräte bieten sogar einen Inselbetrieb an zur „Blackout-Vorsorge“: mit einem integrierten speziellen Wechselrichter, der sein eigenes Netz bilden kann. Solche Wechselrichter findet man auch in Wohnmobilen. Wenn der Netzstrom ausfällt, kann man aus einer Steckdose am Speichergerät immer noch 230 Volt Wechselstrom beziehen. Die Steckdosen im Haushalt kann man damit allerdings nicht speisen: Man muss die Geräte direkt anstecken. Wäre das auch was für mich?

Ich rechne mal nach, aber wie ich es auch drehe und wende: Nachts den Strom aus einem eigenen Speicher zu verwenden wäre deutlich teurer, als Strom aus dem Netz zu kaufen. Die im Speicher verbauten Lithiumzellen sind nämlich nach wie vor sehr teuer, und so komme ich auf irrwitzige Amortisationszeiten von 30 oder 40 Jahren. Das ist jenseits der erwarteten Lebensdauer der Batteriespeicher. Und um einen großflächigen Stromausfall auszugleichen, wäre schon ein ziemlich großer Speicher nötig. An einem kleinen könnte ich ein Smartphone laden und nachts ein paar kleine LED-Leuchten betreiben – immerhin. Im Katastrophenfall wäre das besser als nichts. Aber wenn ich den Elektroherd einschalte, um mir eine warme Mahlzeit zu kochen, wäre der Speicher ruckzuck leer. Bei einem größeren Speicher wiederum bräuchte ich auch mehr Module, um ihn aufzuladen, vor allem in der trüben Jahreszeit. Im Sommer wiederum würde ich mit so vielen Modulen dann doch wieder einen enormen Überschuss produzieren, den ich gar nicht speichern könnte. Und schon wäre ich eher bei einer ausgewachsenen Photovoltaikanlage mit Überschusseinspeisung als bei einem Balkonkraftwerk. Das ist also nichts für mich und meine Mietwohnung.

MONTAGE

Mein Balkonkraftwerk ist da. Endlich! Es kam auf einer Palette per Spedition. Lieber hätte ich es vor Ort gekauft, um zu verhindern, dass es einzeln im Lkw durch halb Deutschland gefahren wird, aber das war leider nicht möglich. Jetzt muss ich das Ding nur noch aufhängen. Ein Kinderspiel, denke ich. Doch das erweist sich als Trugschluss.

Die Montage am Balkon ist überraschenderweise ein weiterer Knackpunkt. Für die anderen Montagearten – Flachdach, Pfannendach, Blechdach – gibt es seit Jahren bewährte Lösungen diverser Hersteller. Ein Solarmodul ans Balkongeländer zu hängen ist dagegen eine noch recht neue Idee. Erst nach und nach bringen Anbieter dafür Montagesysteme auf den Markt.

Einige von ihnen passen schon auf den ersten Blick nicht an meinen Balkon, die sortiere ich sofort aus. Andere scheinen mir zu klapprig und zu instabil zu sein, um ein gut 20 Kilo schweres Modul auch im Sturm zu halten. Mit Flügelschrauben will ich hier nichts befestigen. Prüfzertifikate haben auch die wenigsten Systeme. Und in den Anleitungen versuchen die Hersteller, ihre Haftung so gut es geht zu begrenzen.

Hier ist viel Platz: Montage auf einem Bitumendach

Haftung und Handbücher

Wer einen Blumentopf ans Balkongeländer hängt, muss dafür sorgen, dass der sicher befestigt ist und auch bei Sturm nicht runterfällt. Passiert das doch, haftet der Besitzer grundsätzlich für den Schaden an fremdem Eigentum oder Personen. Deshalb tut er gut daran, den Topf sehr sorgfältig zu sichern und eine Haftpflichtversicherung abzuschließen. Das Gleiche gilt für die Montage eines Solarmoduls.

Das Modul wird in der Regel auf einem Montagesystem befestigt. Man spricht auch von einer Unterkonstruktion. Dafür kann man spezielle Modulklemmen oder am Modulrahmen vorgebohrte Befestigungslöcher nutzen. Die Unterkonstruktion wird dann am Balkongeländer, an der Fassade oder auf einem Dach montiert. Beide Verbindungen müssen den allgemein anerkannten Regeln der Technik entsprechen – und die muss man als Laie erstmal herausfinden. Für die Verbindung zwischen Modul und Montagesystem mag das noch einfach sein, wenn man der Anleitung des Herstellers folgt. Schwieriger ist die korrekte Verbindung zwischen Montagesystem und Untergrund. Jeder Balkon ist anders, es gibt viele verschiedene Dacheindeckungen, und in die Fassade kann man auch nicht mal eben hineinbohren wie in eine Zimmerwand – jedenfalls nicht, wenn sie wärmegedämmt ist.

Irgendwo lese ich in dem Zusammenhang den Satz: „Wenn Sie sich an die Herstellervorgaben halten, haftet der Hersteller." Das klingt beruhigend, ist aber praxisfern. Erstens können auch die Hersteller nicht jede Montagesituation bedenken – sie kennen die Gegebenheiten vor Ort ja gar nicht. Zweitens sichern sie sich in ihren Handbüchern oder Montageanleitungen gegen alles mögliche ab – und lassen den Kunden oft ratlos zurück. Da heißt es dann zum Beispiel: „Die Auslegung des Montagesystems (…) ist projektbezogen entsprechend den vorgegebenen Normen (DIN EN 1991-1-3 und DIN EN 1991-1-4:2010-12, Einwirkung auf Tragwerke – Allgemeine Einwirkungen – Schneelasten und Windlasten) durchzuführen." Wie macht man das bloß?

In einer Anleitung steht: „Achtung vor baurechtlichen Vorschriften der Überkopfmontage." Welche das sind und wo ich sie in Erfahrung bringen kann, steht da nicht. In der Anleitung für ein „Montagepaket Balkon 90°" lese ich allen Ernstes: „Die Dachneigung sollte <45° betragen." Ein Hersteller will sich mal eben komplett aus jeder Haftung stehlen und schreibt: „Das verkaufte Produkt ist ein Bausatz, welcher vom Kunden montiert und installiert werden muss. Somit ist eine Haftung grundsätzlich ausgeschlossen." Ob das rechtlich haltbar ist, ist natürlich eine andere Frage.

Die Essenz ist: Die Hersteller versuchen, die Verantwortung für ihr System so weit wie möglich auf uns Kunden abzuwälzen. Sie haben keine projektbezogene Auslegung vorzuweisen und Vorgaben zur Überkopfmontage nicht beachtet? Schon haben Sie gegen die Montageanweisungen verstoßen. Und was soll ich tun, wenn die Anweisungen verschiedener Hersteller einander widersprechen? In der Anleitung eines Montagesystems steht, man soll drei Bügel mit Schrauben am Modulrahmen befestigen, dort sind aber nur zwei Löcher vorhanden. Natürlich könnte ich vorsichtig ein drittes Loch in den Rahmen bohren und dabei ein Stück Holz unterlegen, um ja nicht die Rückseitenfolie zu beschädigen. Dann hätte ich aber gegen die Garantiebedingungen des Modulherstellers verstoßen, weil ich den Rahmen gar nicht anbohren darf. Manche Hersteller schreiben sogar in ihre Anleitungen, dass ihre Module nur „durch qualifizierte Fachfirmen" montiert werden dürfen.

Windlast und Schneelast

Und wenn ich selbst etwas basteln will – was muss ich dann beachten? Ohne Fachleute komme ich mal wieder nicht weiter. Also rufe ich beim Deutschen Institut für Bautechnik (DIBt) an. Mit Zulassungen, Genehmigungen und Bewertungen gewährleistet es die Sicherheit von Bauwerken und unterstützt die Entwicklung neuer Bauprodukte. Das DIBt ist eine technische Behörde und zugleich Dienstleister für die Bauwirtschaft. Aber leider nicht für technische Laien, die ein Balkonkraftwerk aufhängen wollen.

Auf meine Frage, wie man das denn als Nicht-Ingenieur fachgerecht hinkriegen könne und welche technischen Vorgaben man beachten müsse, kriege ich zur Antwort, das sei doch ganz einfach und gar kein Problem: „Beauftragen Sie einfach jemanden, der sich damit auskennt." Ich soll ein Ingenieurbüro hinzuziehen und ein Gutachten erstellen lassen, um ein einziges Solarmodul aufzuhängen? Das würde mein Budget endgültig sprengen.

Bei großen Photovoltaikprojekten wird dieser Aufwand durchaus getrieben. Da steht er aber auch im Verhältnis zu den Baukosten. Ein Statiker prüft, ob das Dach die Photovoltaikanlage tragen kann. Das Dach wird gründlich vermessen. Standort, Neigung, Ausrichtung, Sparrenbreite und -abstand oder auch die Form der Dachpfannen spielen eine Rolle. All diese und noch mehr Daten speist der Planer in ein Computerprogramm ein. Jeder große Hersteller von Montagesystemen bietet so eine Software an.

Sie berechnet unter anderem die sogenannte Windlast nach DIN EN 1991-1-4, also die Kräfte, die der Wind an dem Standort aufbringen kann. Wir reden nicht bloß vom Winddruck, sondern auch von Sogkräften. Die Windlast hängt unter anderem von der Höhe über dem Meeresspiegel, der Umgebung (vor allem der Bebauung) und der Windzone ab. Deutschland ist in vier Windzonen aufgeteilt.

Die Windkräfte sind auch nicht überall auf dem Dach gleich. Das Haus stellt ein Hindernis dar und wird vom Wind umströmt. An den Dachrändern und noch stärker an den Ecken entstehen Sogspitzen. Deshalb sollte zu Rändern und Ecken immer ein Abstand von mindestens 60 Zentimetern bleiben, im Einzelfall auch mehr. Auf keinen Fall dürfen die Module über die Dachkante hinausragen.

So eine Planungssoftware ist eine prima Sache. Sie berechnet neben der Windlast auch die Schneelast nach DIN EN 1991-1-3 und erstellt für das Pro-

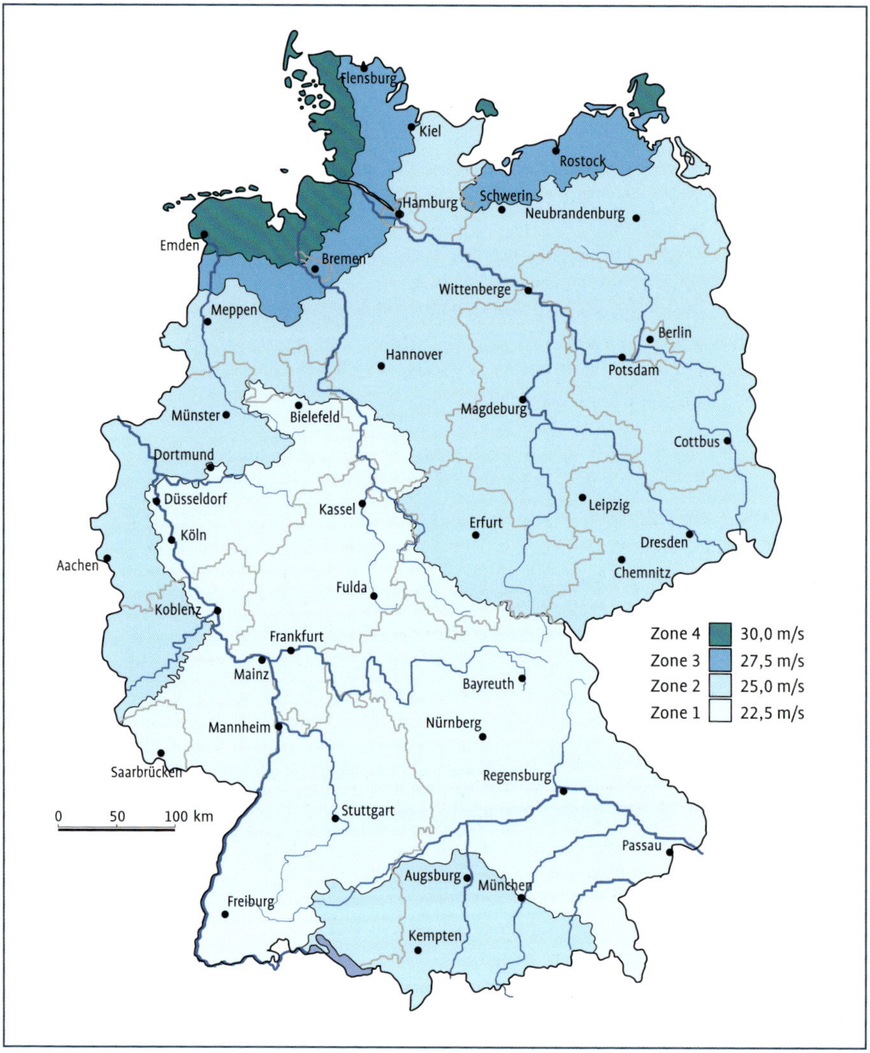

Windzonen in Deutschland

jekt detaillierte Pläne. Durch den Montageplan weiß der Monteur genau, wo er die Module wie befestigen muss. Und bei Flachdachsystemen gibt der Ballastierungsplan an, wie viel Gewicht an welchen Stellen aufgebracht werden muss, damit die Konstruktion sturmsicher ist. Zugleich soll das Dach nicht mehr als nötig belastet werden.

Geo-Zonen-Tool für Lastermittlung
Wind- und Schneelastzonen für einen konkreten Standort lassen sich online aus der Adresse ermitteln:
https://tinyurl.com/windlastzonen

Mit der Software kann der Planer einen Standsicherheitsnachweis für die Anlage erhalten. Und das ist genau der Knackpunkt bei Steckersolaranlagen: Laien gelingt das kaum. Sie haben weder die Ausrüstung noch das Know-how. Außerdem sind viele Programme der Montagesystemhersteller ihren Fachpartnern vorbehalten. Und manche streiken, wenn man Mini-Anlagen mit nur ein oder zwei Modulen planen will. Ein Modulfeld muss da mindestens vier Module umfassen. Auch Balkonmontagen sind nicht vorgesehen. Für mein konkretes Projekt hilft mir das also nicht weiter.

Balkon- und Fassadenmontage

Ich habe schon auf Balkonen gestanden, bei denen ich mich lieber nicht ans Geländer lehnen wollte. Es versteht sich von selbst, dass man da kein Photovoltaikmodul dranhängt. Das beste Montagesystem bringt ja nichts, wenn es an einem wackeligen Geländer zieht. Der Balkon an sich muss in der Lage sein, die Kräfte aufzunehmen, und die können erheblich sein. Ein 2 Quadratmeter großes Solarmodul wirkt wie ein Segel, und zwei davon noch viel mehr. Konnte der Wind vorher noch zwischen den Balkonstreben durchstreichen, drückt er jetzt großflächig aufs Geländer. Mein Balkon ist zum Glück ganz neu und ausgesprochen solide.

Um den Solarertrag zu steigern, würde ich das Modul gerne unten ausstellen, so dass sich ein Winkel von vielleicht 60 Grad ergibt. Das hätte jedoch zwei Nachteile: Erstens könnte der Wind dann besser darunterpacken und ordentlich an der Halterung zerren. Zweitens sieht so eine Konstruktion auch nicht gerade hübsch aus. Ich will meinen Vermieter und meine Nachbarn ja nicht verärgern. Also bleibt es vorerst bei einer senkrechten Montage, und ich nehme Abstriche beim Ertrag hin. Die gleichen Überlegungen gelten übrigens bei einer Fassadenmontage, für die es ebenfalls spezielle Befestigungssysteme gibt.

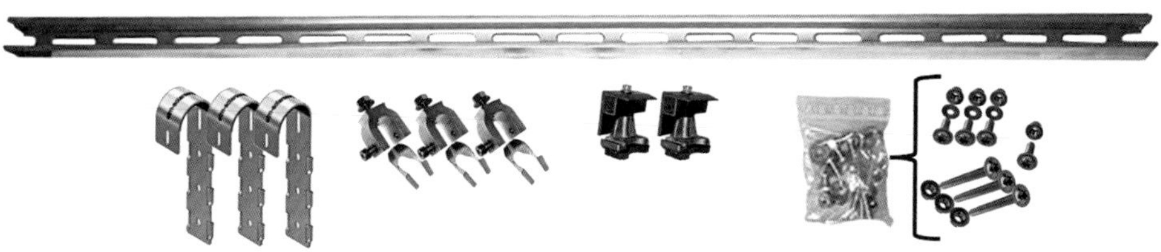

Das Befestigungssystem Solar-Hook für Balkongeländer

Nach langer Recherche entscheide ich mich für den Solar-Hook. Dieses Befestigungssystem für die Balkonmontage besteht aus drei Edelstahlhaken, die an den Modulrahmen geklemmt und dort verschraubt werden. An diesen Haken hängt man das Modul ans Geländer. Im unteren Drittel der Balkonbrüstung wird eine Aluschiene quer angebracht und das Modul mit zwei Endklemmen daran befestigt. Das Ganze hält gut und sieht elegant aus, und auch die Montageanleitung überzeugt mich. Außerdem wird der Solar-Hook in Deutschland produziert – das ist mir sympathisch. Leider ist das System nicht gerade günstig. Dafür muss ich mir um die Sicherheit aber keine Sorgen machen.

Damit der Solar-Hook an meinen Balkon passt, muss ich die Aluschiene anders als vorgesehen befestigen. Ich nutze dafür vorhandene Bohrlöcher in der Geländerabdeckung. Sollte ich aus der Mietwohnung mal ausziehen, kann ich alles wieder spurlos abbauen.

Dachmontage

Ich würde die Balkonmontage als Königsdisziplin bezeichnen – jedenfalls wenn kein Montagesystem von der Stange passt und man selbst etwas konstruieren muss. Aber auch die Montage auf einem Schrägdach ist nicht ohne. Das größte Hindernis dürfte dabei die Absturzsicherung für den Monteur sein – die ist wirklich unerlässlich. Auf Carports und Garagen mit Flachdächern lässt es sich leichter montieren (selbst wenn auch da unter Umständen eine Absturzsicherung nötig ist).

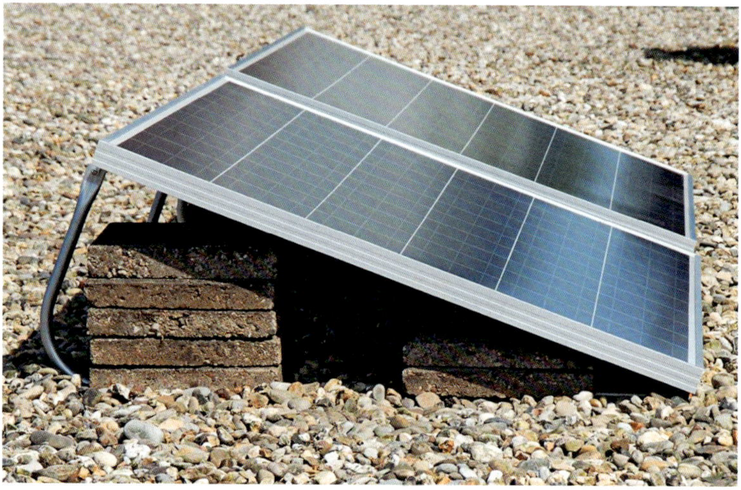

Das Montagesystem ValkBox3 für ein Flachdach oder für den Garten

Flachdach

Vom Flachdach spricht man, wenn die Dachneigung unter 5 Grad liegt. Eine minimale Neigung dient dazu, Regenwasser besser abzuführen. Von allen Dachmontagearten ist die auf dem Flachdach am einfachsten zu meistern. Jedenfalls solange das Dach begehbar ist und trägt.

Für Flachdächer gibt es viele Montagesysteme, die vergleichsweise einfach aufzubauen sind. Dabei werden die Module auf einem Gestell an vier Stellen mit sogenannten Endklemmen befestigt. Montiert man viele Module, die direkt aneinanderstoßen, werden an diesen Stellen Mittelklemmen eingesetzt, die jeweils zwei Module gleichzeitig klemmen können.
Um die Unterkonstruktion gegen Wind zu sichern, könnte man sie mit dem Dach verschrauben. Damit würde man aber eine potenzielle Schwachstelle schaffen, in die Feuchtigkeit eindringen kann. Deshalb werden Flachdachmontagesysteme in der Regel nur ballastiert. Dafür eignen sich Gehwegplatten oder Pflastersteine. Bautenschutzmatten an der Unterseite des Montagegestells sollen verhindern, dass die Dachhaut beschädigt wird. Bei Brandschutzwänden muss immer ein Mindestabstand eingehalten werden, der sich aus der Landesbauordnung ergibt.

Schrägdach

Die Montage auf einem geneigten Pfannendach ist schon deutlich aufwendiger und wegen der Absturzgefahr in der Regel nichts für Laien. Es sei denn, man kommt leicht und ohne sich zu gefährden an den Installationsort, etwa über eine Dachterrasse. Wenn das Dach sowieso neu gemacht wird, wäre es hingegen kaum Mehraufwand, gleich eine Unterkonstruktion für Solarmodule vorzusehen.

Ob es sich um Dachziegel (aus Ton) oder Dachsteine (aus Beton) handelt – die Montage läuft immer gleich ab: Einzelne Pfannen werden herausgenom-

Wie viel Gewicht ist nötig?

Das lässt sich pauschal leider nicht sagen: Es richtet sich unter anderem nach der Größe der Module, ihrer Neigung, der Windlastzone, der Höhe über Grund und dem Abstand zur Dachkante. Laien unterschätzen oft, wie viel Gewicht zur Ballastierung auf einem Flachdach nötig ist. Und die Hersteller der Montagesysteme geben Endkunden selten konkrete Informationen darüber an die Hand. Die niederländische Firma Van der Valk ist eine Ausnahme. In der Anleitung zur ValkBox 3 (siehe QR-Code), einem einfachen Gestell zur Aufständerung des Moduls, findet man eine Tabelle, die für verschiedene Situationen die Zahl der mindestens benötigten Gewichte aufführt. Es gibt in der Anleitung sogar Tabellen und Landkarten mit den Windlastzonen für verschiedene Länder. In der Tabelle für Deutschland liegt das benötigte Gewicht demnach zwischen 36 und 100 Kilogramm für ein Solarmodul.

men und spezielle Haken direkt auf die Dachsparren geschraubt. Dann müssen die Pfannen bearbeitet werden, indem man mit der Flex einen Teil auf der Unterseite abträgt, um dort Platz zu schaffen, wo die Haken unter den Pfannen hervorkommen sollen. Danach können die bearbeiteten Dachpfannen wieder eingesetzt werden. Alternativ kann man die betroffenen Pfannen gegen spezielle Pfannen aus Blech ersetzen, an denen bereits Solarhaken vormontiert sind.

An die Haken werden schließlich Querschienen aus Aluminium geschraubt. So entsteht entweder eine einfache oder eine doppelte („Kreuzverbund") Unterkonstruktion. Auf die klemmt man die Solarmodule. Eine Kabeldurchführung lässt sich ebenfalls mit der Flex an der Unterkante einer Dachpfanne schaffen. Oder man setzt dafür einen speziellen Lüfterstein ein.

Auch für Trapezblech gibt es spezielle Montagesysteme. Sie werden meistens mit selbstbohrenden Blechschrauben befestigt. Um das Eindringen von Feuchtigkeit zu vermeiden, sind die Schrauben mit Dichtungen versehen. Auf Blechfalzdächern kommen Klemmen zum Einsatz. Sie halten die Unterkonstruktion, ohne das Dach zu durchdringen. Wichtig ist, durch genaues Ausmessen des Daches das passende System zu finden.

Aufstellung im Garten

Am einfachsten ist die Montage im Garten. Da kann schon mal kein Modul runterfallen. Es muss natürlich gegen Wind geschützt werden, der es fortreißen könnte, aber der Wind hat hier deutlich weniger Kraft als auf dem Dach. Ich würde mir im Garten eine eigene Halterung aus alten Paletten bauen – das wäre auch die günstigste Lösung.

Gedanken muss man sich allerdings um die Kabelführung machen: Das Kabel darf keine Stolperfalle darstellen und nicht mit dem Rasenmäher überfahren werden. Wahrscheinlich wäre es am elegantesten, die Leitung unter der Erde zu verlegen, wofür allerdings nur spezielle Erdkabel geeignet sind, die mit der Nässe im Boden klarkommen. Sie sind gekennzeichnet als NYY oder NYCWY. Fachgerecht werden sie spatensicher und frostfrei in schützenden Rohren geführt, etwa in einem Spiralschlauch aus dem Baumarkt. Der schützt zusätzlich gegen Wurzeln. Das Kabel müsste in einer Mindesttiefe von 60 Zentimetern in einem schützenden Sandbett liegen. Dort beginnt der frostfreie Bereich. Frost kann Mikrorisse in der Isolierung verursachen, durch die Wasser eindringen kann.

Das Kabel wird zusammen mit Flatterband – dem sogenannten Trassenband – verlegt. Perfektionisten decken die Sandschicht mit dem Kabel zusätzlich noch mit Steinen oder Dachpfannen ab. Auf alle Fälle Fotos machen und einen Verlegeplan zeichnen, damit dokumentiert ist, wo die Leitungen verlaufen. Ein FI-Schutzschalter in diesem Stromkreis ist unabdingbar.

Statt dem Netzkabel kann man auch die Solarkabel im Boden verlegen. Werden sie beschädigt, geht keine Gefahr von ihnen aus. Jedenfalls nicht bei

Robuste Aufständerung für den Garten

Steckersolargeräten mit maximal zwei Modulen und einer Spannung von weniger als 120 Volt Gleichstrom. Das ist die Grenze der sogenannten Schutzkleinspannung. Bei größeren Kabellängen würde ich aber auf einen Leitungsquerschnitt von 6 statt der üblichen 4 Quadratmillimeter setzen. Wer normkonform arbeiten will, müsste darauf achten, dass das Solarkabel explizit zur Erdverlegung zugelassen ist.

Ein Platz für den Wechselrichter

Egal, wo und wie die Solarmodule montiert werden: Der Wechselrichter braucht ein schönes Plätzchen. Gut belüftet und schattig soll es sein. Denn das Gerät muss hohe Temperaturen schnell über das Gehäuse abführen können, sonst sinkt sein Wirkungsgrad.

Selbst wenn der Wechselrichter wasserdicht vergossen ist, muss man das Schicksal ja nicht herausfordern. Ich würde ihn immer so installieren, dass er vor direktem Regen und Schnee geschützt ist, zum Beispiel unter einem Dachüberstand. Dann sind auch die Steckverbinder vor direkter Nässe sicher. Um die Strecke zum Wunschort zu überbrücken, kann man die Solarkabel mit steckbaren Zwischenstücken verlängern.

Kabel verlegen

Kabel sollten fest verlegt sein, damit sie gegen mechanische Beanspruchung geschützt sind. Dazu kann man sie mit UV-beständigen Kabelbindern festmachen. Sie dürfen nicht unter Zug stehen und nicht über scharfe Kanten laufen. Ich würde sie auch immer so gut es geht gegen UV-Strahlung schützen, also an exponierten Stellen abdecken. Kabel und vor allem Steckverbinder sollten niemals in einer wasserführenden Schicht liegen, also nicht in der Dachrinne oder direkt auf einem Dach, wo Regenwasser fließt.

Wichtig ist, dass Kabel nicht geknickt werden. An Kurven ist ein Mindest-Biegeradius einzuhalten. Als Faustregel gilt, dass dieser Radius dem fünffachen Kabeldurchmesser entsprechen sollte. Bei einem Kabel mit 10 Millimeter Durchmesser müsste der Biegeradius also mindestens 5 Zentimeter betragen.

Beauftragen oder Selbermachen?

Ich bin ein Selbermacher geworden, als ich vor sieben Jahren angefangen habe, einen Kastenwagen zum Wohnmobil umzubauen. Anfangs war ich noch sehr ängstlich, als ich die ersten Löcher in die Karosserie gebohrt habe, für Kabeldurchführungen oder die Abluft des Camping-WC. Aber ich habe einfach weitergemacht, die Möbel geschreinert, den Wassertank und einen Teil der Elektrik eingebaut. Es ist tatsächlich so: Man wächst an seinen Aufgaben. So ein Projekt kann extrem frustrierend sein, wenn nichts läuft, wie es soll. Aber es beschert auch große Erfolgserlebnisse. Die gönne ich jedem und empfehle deswegen grundsätzlich, sich etwas zuzutrauen. Aber bitte nur das selbst machen, was erlaubt ist, und sich immer in der eigenen Komfortzone bewegen.

Der Drehmomentschlüssel

Ist eine Schraube zu locker, hält sie nicht und kann sich weiter lockern. Zieht man sie zu fest, kann das Gewinde beschädigt werden. Deshalb heißt es ja: Nach fest kommt locker. Wie kriegt man es also hin, eine Schraube mit genau der richtigen Kraft anzuziehen? Das Geheimnis heißt: Drehmoment. Das Drehmoment gibt an, wie viel Kraft man beim Verschrauben aufwenden muss. In einer guten Montageanleitung ist das richtige Drehmoment in Newtonmeter (Nm) für jede Schraubverbindung angegeben. Und der Drehmomentschlüssel ist das Werkzeug, mit dem man das umsetzen kann – oft ist das eine sogenannte Ratsche oder „Knarre“. Das Drehmoment wird voreingestellt, und die Ratsche knackt, sobald es erreicht ist. Montagesystemen mit Flügelschrauben stehe ich grundsätzlich kritisch gegenüber, weil ich deren Drehmoment nicht kontrollieren kann.

Allgemeine Montagetipps

Redundanz: Ein Haken, eine Klemme oder eine Halterung kann ausfallen oder eine wichtige Schraube sich lockern. Dann müssen die übrigen Haltepunkte diese Last mit aufnehmen. Sie sollten von vornherein dafür ausgelegt sein.

Im Zweifel mehr: Die Kräfte, die auf ein fast 2 Quadratmeter großes Solarmodul einwirken können, werden eher unter- als überschätzt. Deshalb die Unterkonstruktion großzügig auslegen und im Zweifel eine stabilere Version wählen.

Korrosionsschutz: Das Montagesystem ist rund um die Uhr dem Wetter ausgesetzt. Deshalb muss das Material korrosionsfest sein. Alu, Edelstahl oder verzinkter Stahl eignen sich gut.

Vergleichen und Abgucken: Ein Blick in die Montageanleitungen diverser Montagesysteme hilft. Da kann man sich für eine Eigenkonstruktion einiges abschauen – zum Beispiel, dass oft dicke M8-Schrauben und selbstsichernde Muttern aus Edelstahl verwendet werden.

Betreten verboten: Bei der Montage nie auf Solarmodule treten oder auf ihnen knien. Denn das führt zu einer starken punktuellen Belastung, die mit hoher Wahrscheinlichkeit die Zellen schädigt – selbst wenn man die Mikrorisse mit bloßem Auge gar nicht sieht.

Ich kann auch verstehen, wenn jemand die Montage lieber einer Firma überlassen möchte. Aber wie findet man die? Manche Dachdecker, Schlosser oder auch Elektriker bieten auch die Montage von Balkonkraftwerken an, aber es sind noch sehr wenige. Handwerker sind auf lange Zeit ausgebucht und ertrinken in Arbeit. Warum sollten sie sich da noch Kleinaufträge aufhalsen, die viel Arbeit machen?

Viele Photovoltaikfirmen wiederum verkaufen gerne große Anlagen für Einfamilienhäuser oder gleich was noch Größeres. An Aufträgen für mickrige Balkonkraftwerke sind sie gar nicht interessiert. Deshalb montieren die meisten Kunden eben doch selbst. Im Vorteil sind Bastler und Tüftler oder diejenigen, die einen von ihnen im Freundeskreis haben.

Wenn Sie selbst montieren, machen Sie Ihre Sache gut. 20 Jahre soll die Anlage mindestens halten, und das ist eine lange Zeit, in der Wind, Regen, Schnee und Sonne ihr zusetzen. Also lieber nach der Devise „Doppelt hält besser“ vorgehen und die Anlage regelmäßig kontrollieren.

Doch wer sich zum Selbermachen entschieden hat, wird vielleicht auf Schwierigkeiten stoßen. Manchmal muss man den vorgesehenen Pfad verlassen und ein Montagesystem an die Gegebenheiten anpassen. Dabei muss mindestens die gleiche Sicherheit gewährleistet sein.

Nach der Montage: Pflege und Wartung

Mindestens einmal im Jahr sollte man mit den Augen, den Händen und dem Verstand prüfen, ob das montierte Solarmodul noch fest sitzt und gut hält. Schrauben sollte man dann bei Bedarf nachziehen.

Und wie steht es ums Putzen? Module gelten ab einer Neigung von etwa 10 Grad als weitgehend selbstreinigend, weil der Regen den gröbsten Dreck abspült. Manche Module haben außerdem eine Nano-Beschichtung (Lotuseffekt). Wenn es einmal notwendig sein sollte, nur mit klarem Wasser abspülen, nicht den Hochdruckreiniger nehmen und nicht schrubben oder scheuern, damit die Beschichtung nicht beschädigt wird.

> Solarmodule enthalten giftige Substanzen. Sie müssen deshalb bei einer Beschädigung umgehend getauscht werden. Denn wenn das Deckglas gebrochen oder die Randversiegelung beschädigt ist, können die Gifte über längere Zeiträume aus den Modulen ausgewaschen werden. Ausgediente Solarmodule gehören nicht in den Restmüll – sie können beim Wertstoffhof abgegeben werden.

ENDLICH AM ZIEL

Vor drei Monaten habe ich meine Vermieterin, die Wohnungsbaugesellschaft, gefragt, ob sie einem Balkonkraftwerk zustimmt. Trotz Nachfrage habe ich noch keine Antwort bekommen. So lange kann die Energiewende nicht warten. Also wird es jetzt aufgehängt – und die Stromrechnung gedrückt. Das ist auch höchste Zeit. Soeben habe ich eine heftige Preiserhöhung bekommen.

Ich frage mich bloß, warum es in Deutschland nicht viel einfacher ist, ein einziges Solarmodul mit Wechselrichter in Betrieb zu nehmen. Warum ich mich zum Beispiel mit dem Netzbetreiber über den richtigen Stromzähler streiten muss. Auch nach langer Recherche ist mir nicht klar, wozu ein Zweirichtungszähler nötig sein soll, wenn ich sowieso nur wenige Kilowattstunden einspeise und dafür noch nicht einmal eine Vergütung beanspruche. Wer noch einen günstigen alten Zähler mit Rücklaufsperre hat, wird dazu gedrängt, einen für ihn nutzlosen digitalen Zweirichtungszähler zu bezahlen, obwohl er seinen überschüssigen Strom auch noch an den Netzbetreiber verschenkt. Wie verrückt ist das denn!

Wenn die Gesetze geändert würden und der Stromzähler rückwärts laufen dürfte, wäre das ein großer finanzieller Anreiz für Balkonkraftwerke. Ich könnte nicht bloß 12, sondern mehr als 17 Prozent meines Strombezugs einsparen. In den Niederlanden ist diese sogenannte Net-Metering übrigens schon lange erlaubt.

Ebenso wenig kann ich nachvollziehen, warum die Behörden kleine Balkonkraftwerke wie große Solaranlagen behandeln. Es kann mir keiner erzählen, dass meine winzige Überschusseinspeisung eine signifikante Auswirkung auf das Stromnetz hätte. Mein Überschuss „versickert“ doch schon hier im Mehrfamilienhaus, indem er von irgendeinem Nachbarn verbraucht wird. Unterm Strich bleibt der Effekt, dass aufs Jahr gerechnet durch mein Solarmodul vielleicht 200 Kilowattstunden weniger Strom aus dem Netz gezogen werden. Etwas Ähnliches wäre der Fall, wenn ich meine Espressomaschine verkaufen oder weniger kochen und mehr Rohkost essen und meine Wäsche ab sofort per Hand waschen würde. All das ist nicht meldepflichtig. Im Gegenteil: Ständig appelliert irgendein Politiker an uns Bürger, wegen der Energiekrise Strom zu sparen. Aber wenn ich ein einziges Solarmodul aufstelle, um selbst etwas Strom zu *erzeugen*, zieht die Bürokratie alle Register.

Nun könnte man einwenden, dass es eben doch einen Einfluss aufs Netz hätte, wenn plötzlich *Millionen* neue Balkonkraftwerke aufgehängt würden. Das ist nicht ganz von der Hand zu weisen, aber dann verteilte sich der Effekt auch auf das ganze Netz, und das ist riesig. Ähnlich dürfte es sich auswirken, wenn tatsächlich Millionen Menschen ihren Stromverbrauch durch Sparsamkeit um zehn Prozent reduzierten. Und genau das wollen wir doch.

Um die Balkonkraft voranzubringen, müsste die Politik endlich für einfache Regeln sorgen. Es müsste unmissverständlich klargestellt werden, dass Laien sichere Steckersolargeräte bis zu 600 oder auch 800 Watt mit Schukostecker selbst und ohne Elektriker in Betrieb nehmen dürfen und dass ein einfacher Stromzähler mit Rücklaufsperre dafür ausreicht. Die Anmeldungen im Marktstammdatenregister und beim Netzbetreiber könnte man – wenn man sie überhaupt als nötig ansieht – zusammenfassen, ganz so, wie es der VDE nun auch endlich erkannt hat. Denn warum soll ich dieselben Daten zweimal melden? Ich glaube, dass verständliche und einfache Regeln mehr bringen würden als Förderprogramme. Für den Staat günstiger wäre das obendrein.

Ich bin bei meiner Recherche auf viele Vorbehalte gegen Steckersolargeräte gestoßen, sogar bei zuständigen Behörden. Einer war: Balkonkraftwerke seien ineffizient und unwirtschaftlich im Vergleich zu großen Photovoltaikanlagen. Auf Fabrikhallen und Freiflächen entlang der Autobahnen könne man Strom zu deutlich niedrigeren Kosten erzeugen. Das mag ja stimmen. Nur warum tun es dann so wenige? Warum sind die meisten Fabrikdächer noch immer nicht mit Modulen belegt? Warum gibt es noch keine bundesweite Solarpflicht für alle geeigneten Dachflächen? Warum setzt die Politik noch immer (oder jetzt wieder) vor allem auf Kohle und Atomkraft?

Mit unseren Balkonkraftwerken holen wir jetzt nach, was Politik und Konzerne verschlafen oder verhindert haben. Die jahrzehntelange verfehlte Energiepolitik unter dem Einfluss von Lobbyisten wirkt nach. Erinnern Sie sich noch an Jürgen Großmann, der von 2007 bis 2011 Chef der RWE war? 2012 behauptete er, der Photovoltaikausbau in Deutschland sei so sinnvoll wie der Ananasanbau in Alaska. Zehn Jahre später müssen selbst die größten Kritiker der Photovoltaik zugeben, dass wir um erneuerbare Energien nicht herumkommen. Die Energiepreise sind explodiert – und wir immer noch extrem abhängig von Energieimporten. Die Politik reagiert mit hastigem Krisenmanagement. Mehr Kohle aus Kolumbien, Öl aus Unrechtsstaaten und Gas aus Fracking sind keine nachhaltigen Lösungen. Balkonkraftwerke an einem sonnigen Standort hingegen sind ein sinnvoller kleiner Schritt. Hoffentlich motiviert mein Buch Sie dazu, ihn auch zu gehen.

Das Balkonkraftwerk unseres Autors hängt — wie geht es weiter? Wie reagiert die Vermieterin? Wie hoch ist der Ertrag tatsächlich? Wieviel überschüssiger Strom wird eingespeist? Das alles finden Sie unter www.balkonkraftblog.de

SERVICE

AUF EINEN BLICK

Die wichtigsten Fragen und Knackpunkte für angehende Stromproduzenten

1. Der Standort → S. 16 ff.

Vom Standort hängt der Ertrag wesentlich ab.

- ☐ Sonnig und unverschattet soll er sein. Schon ein kleiner Schattenwurf kann die Leistung empfindlich beeinträchtigen.
- ☐ Ein offener Blick zum Himmel ist hilfreich, nahe Häuserwände oder Bäume vermindern die Leistung.

2. Technische Voraussetzungen → S. 35 ff.

- ☐ Ist die Hauselektrik sicher oder in die Jahre gekommen?
- ☐ Wo ist die nächstgelegene Steckdose?
- ☐ Hat der Stromkreis einen FI-Schutzschalter?
- ☐ Will ich mit Schuko- oder Wielandstecker einspeisen?
- ☐ Wo wird das Kabel verlaufen und wie lang muss es sein?
- ☐ Wo soll der Wechselrichter hängen (schattig, gut belüftet, möglichst überdacht)?

3. Finanzielles → S. 23 ff.

Möglichen Stromertrag berechnen mit einem Onlinetool.

- ☐ Wie viel davon werde ich selbst verbrauchen? Geht es mir vor allem ums Sparen oder um den Klimaschutz?
- ☐ Wie wirtschaftlich ist mein Projekt, wann amortisiert es sich?
- ☐ Entstehen Folgekosten durch einen Zählertausch?
- ☐ Gibt es Förderprogramme für Balkonkraftwerke in meiner Gemeinde, dem Landkreis oder Bundesland? Eine Übersicht gibt es unter www.machdeinenstrom.de.

4. Das Produkt → S. 83 ff.

Welche Anlage soll es sein:

- ☐ 300 oder 600 Watt oder sogar mehr?
- ☐ Günstige Glas-Folie- oder hochwertige Glas-Glas-Module?
- ☐ Made in Germany oder egal wo?
- ☐ Welche Produkt- und Leistungsgarantie möchte ich?

5. Die Montage → S. 95 ff.

- ☐ Ist das Modul für den gewünschten Montageort zugelassen (an Balkonen und Fassaden ab 4 Metern Höhe über Verkehrsflächen gelten besondere Anforderungen)?
- ☐ Gibt es für meinen Standort ein passendes Montagesystem? Passt es zum Modul *und* zum Balkongeländer oder Dach? Am besten vor Ort nachmessen und die Montageanleitung vor dem Kauf schon einmal Schritt für Schritt durchgehen.
- ☐ Wer soll montieren – ein Handwerker, ein geschickter Freund? Oder traue ich mir das selbst zu?

6. Rechtliches klären → S. 54 ff.

- ☐ In Mietwohnungen muss der Vermieter zustimmen, in Eigentumswohnungen die Eigentümergemeinschaft.
- ☐ In denkmalgeschützten Gebäuden ist eine Genehmigung der Denkmalschutzbehörde erforderlich.
- ☐ Welche Vorgaben macht mein Netzbetreiber?
- ☐ Genügt ein Stromzähler mit Rücklaufsperre oder wird ein Zählertausch nötig?
- ☐ Deckt meine private Haftpflichtversicherung Photovoltaikanlagen ab?

7. Die Anmeldung beim Netzbetreiber → S. 59 ff.

Das Gerät sollte vor der Inbetriebnahme dem lokalen Netzbetreiber gemeldet werden. Den finde ich unter www.stoerungsauskunft.de. Bis 600 Watt geht das problemlos ohne Elektriker.

8. Die Inbetriebnahme → S. 104 ff.

Nach der Montage Stecker einstecken. Stromproduktion am Messgerät ablesen. Freuen und genießen. Nachbarn und Freunde für Balkonkraftwerke begeistern. 😊

9. Die Anmeldung bei der Bundesnetzagentur → S. 73 ff.

Die letzte bürokratische Hürde: Meldung im Marktstammdatenregister der Bundesnetzagentur unter www.marktstammdatenregister.de innerhalb eines Monats nach Inbetriebnahme. Lästig, aber in 20–30 Minuten erledigt.

Herzlichen Glückwunsch, Sie haben Ihr Ziel erreicht!

EINE KLEINE GESCHICHTE

der Balkonkraftwerke

Die Geschichte der Steckersolargeräte beginnt am Anfang der Neunzigerjahre. In den Niederlanden macht sich der Tüftler Henk Oldenkamp an die Arbeit, einen besonders kleinen Wechselrichter zu entwickeln. Zu der Zeit kosten die kleinsten Photovoltaikanlagen noch zehntausende Gulden, ihre Wechselrichter haben eine Leistung von mindestens 5 Kilowatt. 1994 präsentiert Oldenkamp seine Idee auf der Ersten Welt-Photovoltaik-Konferenz der IEEE, des weltgrößten Berufsverbands für Elektro- und Informationstechnik, auf Hawaii. Er legt auch schon Testergebnisse eines 130-Watt-Inverters vor.

In den neuartigen Geräten sieht der Erfinder gleich mehrere Vorteile. So sollen sie effizienter sein und Probleme mit Schatten lösen, die im Laufe des Tages über ganze Modulfelder wandern. Damit die verschatteten Module nicht die Leistung aller anderen bremsen, mit denen sie in einem Strang zusammengeschaltet sind, sollen statt nur einem zentralen Wechselrichter mehrere einzelne eingerichtet werden. Jeder von ihnen ist für eine kleine Gruppe von Modulen oder sogar nur für ein einziges Modul zuständig. Deshalb spricht man auch von Modulwechselrichtern. Ganz klar geht es Oldenkamp aber auch darum, Größe und Kosten einer Photovoltaikanlage zu verringern. Er will die Hürden senken, damit viel mehr Menschen mit wenig Aufwand ihre eigene Mini-PV-Anlage in Betrieb nehmen können.

1996 bringt Oldenkamp in Zusammenarbeit mit Shell Solar und dem Kabelhersteller NFK den ersten Mikrowechselrichter der Welt auf den Markt: den OKE4. Innerhalb weniger Jahre werden zehntausende Geräte verkauft, vor allem in den Niederlanden. Allerdings wird NFK dann von einer anderen Firma übernommen – und Oldenkamp vor die Tür gesetzt. Auch Shell Solar zieht sich zurück. Aber der Anfang ist gemacht, eine neue Produktklasse geboren.

Deutschland startet zögerlich

Deutschland wendet sich in den Neunzigerjahren nur zaghaft der Photovoltaik zu – zunächst mit einem 1000-Dächer-Programm. Im Februar 2000 beschließt der Bundestag das Gesetz für den Ausbau erneuerbarer Energien, kurz: EEG. Jetzt soll alles schneller gehen. Immobilienbesitzer können hohe Vergütungen erhalten, wenn sie Solarstrom ins Netz einspeisen. Der Diplom-Ingenieur Holger Laudeley aus Ritterhude will mehr. Auch Mieter ohne eigenes Dach sollen an der Energiewende teilhaben können. Im Mai 2001 zeigt Laudeley auf der Solarmesse Bremen Photovoltaikmodule mit Wechselrichter, die er in einer Mehrfachsteckdose mit seinem Elektrofahrzeug, einem CityEL, und dem Stromnetz zusammenschließt. Messungen bestätigen: Der Flitzer wird aus den

Solarmodulen geladen, nicht aus dem Stromnetz. „Wir haben das gefeiert damals, aber auf der Messe hat keiner so richtig verstanden, was wir eigentlich zeigen wollten“, erinnert sich Laudeley.

Das Zusammenstecken ist technisch simpel. Innovativ ist die Idee, daraus ein marktreifes Produkt zu entwickeln. „Du kriegst die Leute nur, wenn es einfach ist“ – so lautet Laudeleys Ansatz. Doch es beginnt eine Zeit der Rückschläge. Vor allem die Rahmenbedingungen stimmen noch nicht: Die Einspeisevergütung für Sonnenstrom ist so hoch und Strom aus dem Netz so günstig, dass sich eine Stromproduktion für den Eigenverbrauch nicht rentiert. Viele Jahre vergehen, in denen Laudeley nur sporadisch an seinem Produkt arbeitet.

Spanische Solar-Aktivisten

In Spanien startet die Umweltstiftung Fundación Tierra in dieser Zeit die Kampagne „Guerrilla Solar: Steck die Sonne ein“. Die Bürger hätten das Recht, grünen Strom zu produzieren, heißt es, „aber in der Praxis sind wir Gefangene einer kleinen Gruppe von Unternehmen, die als Monopole (…) fungieren“. Bürger sollten sich dem „Kreuzzug für den Zugang zu erneuerbarer Energie im Haushalt“ anschließen – mit einem „Photonik Kit“, das aus einem 120-Watt-Modul mit Wechselrichter besteht. Die Solaraktivisten verkleiden sich als Guerilleros und posten humorvoll Bilder von sich und ihrem Steckersolargerät im Internet. Die Stiftung erhält 2009 den Europäischen Solarpreis. Doch in Spanien gibt es vor allem: Ärger mit den Netzbetreibern. Die fordern eine Maut für eingespeisten Sonnenstrom.

Wegen der hohen Modul- und Wechselrichterpreise setzen sich Steckersolargeräte immer noch nicht durch. Erst als China in großem Stil in die Produktion von Photovoltaikmodulen einsteigt, eröffnet sich eine neue Gelegenheit. Holger Laudeley tut sich mit seinem Kumpel Toralf Nitsch zusammen, und der stellt mit seiner Firma Sun Invention Kontakte ins Land der Mitte her. Die beiden entscheiden sich auf einer China-Reise 2010, dort produzieren zu lassen.

Erste Erfolge

Holger Laudeley

Im Januar 2012 schraubt Laudeley fünf Solarmodule an den Balkon seiner Schwiegermutter im Hochparterre. In dem kleinen Städtchen nahe Bremen sorgt dieses erste Balkonkraftwerk für viel Aufmerksamkeit, und genau das will Laudeley erreichen. „Die Lokalpresse schrieb damals: ‚80-Jährige sagt Energieversorgern den Kampf an.‘ Das hatten wir Oma Hanna so eingetrichtert. Noch am selben Tag rief sie mich an und sagte: ‚Holger, du musst sofort herkommen, hier stehen zig Leute vor der Tür, die drehen völlig durch.‘“ Auch der Vermieter, eine Wohnungsbaugesellschaft, dreht durch, denn gefragt hat Laudeley natürlich nicht. Es beginnt ein jahrelanger Streit. Der endet erst, als er die Anlage nach dem Tod seiner Schwiegermutter wieder abbaut.

2012 kommt auch der Film „Leben mit der Energiewende“ in die Kinos. Filmemacher Frank Farenski erzählt darin von Laudeleys Balkonkraftwerken. Immer mehr Medien werden nun aufmerksam – das Geschäft brummt. Dutzende Mitarbeiter werden für den Vertrieb des „Plug & Save“ engagiert, die Geräte als „Weltneuheit“ und „Zählerbremse“ bis in die Schweiz verkauft.

Doch Sun Invention wird von einem anderen Händler verklagt – wegen angeblich irreführender Werbung. Laudeley vermutet, dass ein großer Stromkonzern hinter der Klage steckt, der den Unternehmer nur vorgeschickt hat. „Die wollten Balkonkraftwerke verhindern, weil sie ihr Geschäftsmodell bedrohen. Im Gerichtssaal war ein regelrechter Hass auf uns zu spüren.“

Die Richterin habe in der Verhandlung einen Gutachter gefragt, ob es stimme, dass der Stromzähler zum Stillstand komme, erinnert sich Laudeley. „Als der Gutachter das bestätigte, sagte die Richterin: ‚Dann will ich das auch.‘“ Der Prozess endet später mit einem Freispruch, doch der Aufwand dafür ist eine enorme finanzielle Belastung. Hinzu kommen Qualitätsmängel bei der Produktion in China. 2014 ist Sun Invention am Ende.

Laudeleys Schwiegermutter im Jahr 2012 auf ihrem Balkon im Hochparterre. Das erste Balkonkraftwerk erregt in der Kleinstadt viel Aufmerksamkeit.

Die Behörden schreiten ein

Mit der Öffentlichkeit werden auch die Behörden aufmerksam. Sie beobachten das Treiben äußerst kritisch. Und das ist vornehm formuliert. Im Mai 2013 verschickt das Bayerische Wirtschaftsministerium einen Brandbrief über die „Technische Sicherheit von Mikro-PV-Anlagen“. Darin heißt es: „Die Einspeisung einer Erzeugungseinrichtung in einen Endstromkreis birgt Gefahren für Leib und Leben.“ Von Stromschlägen ist die Rede, von Kabelbränden und Störungen des Versorgungsnetzes. Anlagenbetreiber und Installateure könnten sich strafbar machen wegen „fahrlässiger Körperverletzung/ Tötung, Sachbeschädigung, Betrugs, Fälschung technischer Aufzeichnungen etc.“.

Im Normenwerk des VDE sind Stromerzeuger im Endstromkreis zu der Zeit tatsächlich noch nicht vorgesehen. Deshalb findet sich in Berlin eine Gruppe um Diplom-Ingenieur Ralf Haselhuhn von der Deutschen Gesellschaft für Sonnenenergie (DGS) zusammen. Haselhuhn unterrichtet an der Hochschule für Wirtschaft und Technik. Er will Steckersolargeräte aus der rechtlichen Grauzone holen: „Mir war klar, welche Wege wir gehen und welche Norm wir wo öffnen müssen.“ So ermuntert er den umweltbewegten Startup-Unternehmer Marcus Vietzke zu einer Studie über mögliche Leitungsüberlastungen und andere Sicherheitsaspekte von Steckersolargeräten. Die Aktivisten wollen eine wissenschaftliche Basis für die Diskussion schaffen. Zu der Gruppe gehört auch Thomas Seltmann, der später das Informations- und Beratungsangebot der Verbraucherzentrale NRW zu Steckersolargeräten aufbaut.

Die deutsche „PV-Guerilla“

Die Solar-Guerilla-Bewegung schwappt nun auch auf Deutschland über. Die DGS Berlin bietet Kurse an mit dem Titel „PV-Guerilla für jedermann“. 2016 gründet sich auf der Fachmesse Intersolar in München die DGS-Arbeitsgruppe PV Plug. Sie leistet Pionierarbeit für die urbane Energiewende. Die DGS bringt den „SolarRebell“ auf den Markt, ein 250-Watt-Modul mit Wechselrichter. Im selben Jahr beginnt der Normungsprozess für Steckersolargeräte beim VDE – und damit eine jahrelange mühevolle Arbeit. Parallel dazu entwickelt das DGS-Team einen eigenen Sicherheitsstandard, nach dem Anbieter ihre Produkte zertifizieren lassen können. Für ihr ehrenamtliches Engagement erhält die Gruppe PV Plug 2018 den Georg-Salvamoser-Preis.

Ein Erfolg der Bürgerbeteiligung

Einen ersten Erfolg gibt es 2018. Der VDE ändert die Installationsnorm mit dem sperrigen Titel DIN VDE 0100-551-1 (VDE 0100-551-1):2018-05. Erstmals werden Energieerzeuger im Verbraucherstromkreis zugelassen. An einer Kampagne der Arbeitsgruppe PV Plug hatten sich zuvor tausende Bürger betei-

Wandmontage eleganter Full-Black-Module

ligt und einen Normeneinspruch erhoben. Nun geschieht also genau das, wovor das Bayerische Wirtschaftsministerium so vehement gewarnt hatte. Die Normänderung befeuert die Nachfrage nach Steckersolargeräten. Immer mehr Anbieter drängen auf den Markt.

Auch Holger Laudeley ist nach der Pleite von Sun Invention und einem Herzinfarkt zurück. Er setzt nun auf Module und Wechselrichter made in Germany. Laudeley hat im Laufe der Jahre viele Geräte getestet, unter ihnen gefährliche Billig-Wechselrichter aus China. „Unser Mitarbeiter Michael hätte bei Versuchen fast seine Gartenhütte in Brand gesteckt, so einen Schrott gab es da."

Während die DGS-Leute ihren Weg durch die Normungsgremien antreten und die Debatte versachlichen wollen, haut Laudeley auf den Putz. In seinen Youtube-Videos wettert er gegen die „Strommafia" und nennt die Energiekonzerne auch mal „Besatzungsmächte". Das polarisiert, verschafft dem Thema aber auch noch mehr Aufmerksamkeit. 2021 erhält Laudeley den Werner-Bonhoff-Preis für die Entbürokratisierung der Energiewende durch Balkonkraftwerke.

Der größte Schub für die Balkonkraft aber kommt mit der Energiekrise in Folge des Ukraine-Kriegs und den explodierenden Strompreisen. Das löst Anfang 2022 einen regelrechten Run auf Steckersolargeräte aus. Beim VDE ringt eine Gruppe aus 35 Experten da schon seit Jahren um die erste Produktnorm für Steckersolargeräte, die DIN VDE V 0126-95. Den eigens dafür gegründeten

Arbeitskreis leitet Hermann Laukamp vom Fraunhofer-Institut für Solare Energiesysteme. Kurz vor Veröffentlichung des ersten Normentwurfs im Oktober 2022 ist das Gremium noch immer tief zerstritten über die richtige Steckverbindung: Soll der Schukostecker im Regelwerk offiziell erlaubt sein? Der Entwurf wird deshalb dem übergeordneten DKE-Komitee 373 vorgelegt. Dort kommt es bei der Abstimmung zu einer Pattsituation.

Der Widerstand gegen den Schukostecker geht nach Aussagen von Teilnehmern auf die Vertreter der Versicherer, des Elektrohandwerks und der Netzbetreiber zurück. Die „Nutzung der Haushaltssteckverbindung“ wird daraufhin in den Anhang A verschoben, der nur informativen Charakter hat. Die DGS-Vertreter hoffen, das im Einspruchsverfahren noch ändern zu können. Dass die Vorgänge in den VDE-Gremien weithin Beachtung finden, ist auch ein Verdienst von Christian Ofenheusle, der auf seiner Website machdeinenstrom.de immer wieder darüber berichtet.

Kehrtwende beim VDE

Ein Impuls für die Debatte kommt vom Präsidenten der Bundesnetzagentur. Bei Balkonkraftwerken reiche nach Einschätzung seiner Behörde „ein einfacher Stecker, wenn zertifizierte Wechselrichter vorhanden sind“, twittert Klaus Müller Ende Dezember 2022. Als Vorsatz für das neue Jahr gibt er aus: „weniger Bürokratie, dafür mehr Freude an der Energiewende“. Ein Online-Magazin berichtet vom „Machtwort“ des Behördenchefs. Das ist aber Quatsch, da die Bundesnetzagentur für den technischen Anschluss gar nicht zuständig ist.

Da hat eher der VDE mitzureden, der auch schnell auf den Vorstoß reagiert. Wie er das tut, das löst in der Balkonkraftszene regelrecht Erstaunen aus. In einem Positionspapier werden plötzlich jahrelang gepflegte Zweifel an Steckersolargeräten abgeräumt. Eine echte Bagatellgrenze für Kleinstkraftwerke soll kommen. Statt 600 sollen künftig sogar 800 Watt in den Endstromkreis eingespeist werden dürfen, Zählertausch und Anmeldung beim Netzbetreiber entfallen. Der lange verteufelte Schukostecker wird rehabilitiert, auch wenn bloß von einer „Duldung“ die Rede ist. Zu einer ausdrücklichen Freigabe konnten sich die beteiligten Gremien offenbar nicht durchringen.

Wenn dieses Forderungspapier tatsächlich umgesetzt wird, sind die Energiewende-Aktivisten endlich am Ziel. Viele haben mitgeholfen, die Balkonkraft so bekannt zu machen, wie sie es heute ist, haben Druck aufgebaut und überbordende Bürokratie angeprangert. Steckersolargeräte sind jetzt nicht mehr nur eine technische Spielerei nerdiger Ökos und Energierebellen. Sie sind angekommen in der Mitte der Gesellschaft, an Mehrfamilienhäusern wie in schicken Vorgärten. Diese Entwicklung dreht niemand mehr zurück.

Anmerkungen

1 https://www.pik-potsdam.de/de/aktuelles/nachrichten/solarzellen-sind-ansteckend-auf-gute-weise-studie *(Aufgerufen am 20.01.23)*
2 **Heißwolf/Stut/Boschert** et al.
3 https://www.solarserver.de/2017/12/07/thomas-seltmann-verbraucherzentrale-nrw-empfehlungen-fuer-den-einsatz-von-stecker-solar-%ADgeraeten *(Aufgerufen am 20.01.23)*
4 **Haselhuhn**, 2022
5 **Vietzke**, 2017
6 **Haselhuhn** 2022 und **Siedelhofer** 2022.
7 **Meier** und **Terboven**, 2020.
8 https://www.krone.at/2840048 *(Aufgerufen am 20.01.23)*
9 AG München, Urteil vom 04.10.1990, AZ 214 C 24821/90.
10 AG Stuttgart, Urteil vom 30.03.2021, AZ 37 C 2283/20.
11 https://www.braunschweiger-zeitung.de/braunschweig/article235246105/Braunschweig-Mini-Solaranlage-oder-doch-nacktes-Flachdach.html *(Aufgerufen am 20.01.23)*
https://www.braunschweiger-zeitung.de/braunschweig/article236055973/Braunschweig-Ueberraschende-Wendung-im-Mini-Solaranlagen-Streit.html *(Aufgerufen am 20.01.23)*
12 https://www.suedkurier.de/region/kreis-konstanz/konstanz/streit-um-balkonkraftwerk-landet-vor-gericht-muss-es-nun-abgebaut-werden;art372448,11428977 *(Aufgerufen am 02.02.23)*
13 **Murphy** und **Elimä**, 2021

Bildnachweis

Alle Zeichnungen stammen nach Vorlage des Autors von Helmuth Flubacher.
Coverfoto: Yuma GmbH
Allterco Europe GmbH: S. 93
Hager Vertriebsgesellschaft mbH & Co. KG: S. 41 , 51
Holger Laudeley: S. 13, 22, 58, 79, 95, 103, 114 und 116
Hermann Laukamp: S. 50
mauritius images: S. 63 (l.)
Meyer Burger: S. 85
PC Electric Gesellschaft m.b.H.: S. 37 (o.)
Pfalzwerke Netz AG: S. 63 (r.)
Shutterstock.com/Super8: S. 34
SOLAR-HOOK GmbH: S. 99
Stefan Tomik: S. 2, 5, 18, 63 (m.), 90, 91, 92, 113 und 125
Van der Valk Solar Systems: S. 100
Wieland Electric GmbH: S. 37 (u.)

Quellen und Literaturhinweise

Joseph **Bergner**, Rosa **Hoelger** und Barbara **Praetorius** (Mai 2022). Nutzung von Steckersolargeräten 2022. Ergebnisse einer Umfrage zu kleinsten Photovoltaik-Geräten. Hochschule für Technik und Wirtschaft Berlin.

Joseph **Bergner**, Rosa **Hoelger**, Barbara **Praetorius** (Februar 2022). Der Markt für Steckersolargeräte 2022. Ergebnisse einer Erhebung und Befragung von Anbietern zu Marktvolumen, -struktur und -entwicklung in Deutschland. Hochschule für Technik und Wirtschaft Berlin.

Leonardo **Burckhardt** und Martin **Pehnt** (2017). Plug-in-Photovoltaik in Deutschland: Eine technische, ökonomische und soziale Analyse. In: Energiewirtschaftliche Tagesfragen, Heft 4/2017.

Fraunhofer ISE (2016/19). Steckerfertige, netzgekoppelte Kleinst-PV-Anlagen. Studie Für E-Control Austria. Version 1.4b vom 13.06.2019.

Ralf **Haselhuhn** (2022). Steckersolargeräte: Mythos und Wahrheit. Wie gefährlich sind sie wirklich? Vorort- und Komponentenmessungen von gealterten Elektroinstallationen. Sonnenenergie, Ausgabe 3/2022.

Ralf **Haselhuhn** (2022). Faktencheck vom anderen Normungsexperten. In: de – Das Elektrohandwerk, Ausgabe 17/2022.

Max **Heißwolf**, Natalie **Stut**, Andreas **Boschert**, Theresa **Liegl**, Mike **Zehner**, Bodo **Giesler**, Björn **Hemmann** und Ralf **Haselhuhn** (o. J.). Erzeugungsprofile, Lastprofile und betriebswirtschaftliche Analyse kleiner PV-Systeme zur direkten Deckung des Eigenverbrauchs.

Dirk-Henning **Meier** und Maria **Terboven** (2020). Das Spannungsverhältnis zwischen wirksamer Einbeziehung und Urheberrecht von technischen Normen am Beispiel der Technischen Anwendungsregeln VDE-AR-N 4100ff. zur Konkretisierung der EU Network Codes. In: Recht der Energiewirtschaft, Heft 2/2020, S. 57–104.

Laura T. **Murphy** und Nyrola **Elimä** (2021). In Broad Daylight: Uyghur Forced Labour and Global Solar Supply Chains. Sheffield Hallam University Helena Kennedy Centre for International Justice.

Bernd **Siedelhofer** (2022). Faktencheck vom Normungsexperten. In: de – Das Elektrohandwerk, Ausgabe 12/2022.

Marcus **Vietzke** (2017): Untersuchung der Beeinflussung der Schutzkonzepte von Stromkreisen durch Stecker-Solar-Geräte, Photovoltaik-Institut Berlin, PI-Report-Number: 20170520.

Register

F

G

H

I

K

L

M

N

O

P

R

S

T

U

V

W

Z

Über den Autor

Stefan Tomik war 17 Jahre lang Politikredakteur der F.A.Z. Über ein ehrenamtliches Engagement kam er mit der Idee von Balkonkraftwerken in Berührung. Heute arbeitet er für die Bürgerenergiegenossenschaft SolarInvest Main-Taunus, gibt Kurse zum Thema Photovoltaik und vertreibt mit seiner Firma „Hauptsache Grün" Steckersolargeräte im Rhein-Main-Gebiet.

Dank

Bei der Recherche für mein Buch konnte ich mich auf viele hilfsbereite Menschen stützen. Mein Dank gilt Holger Laudeley für mehrere stundenlange Hintergrundgespräche, Ralf Haselhuhn von der DGS Berlin für wertvolle Anmerkungen zu Recht und Geschichte der Balkonkraft, Björn Hemmann von der Solarakademie Franken für seine Expertise zu Technik und Montage. Mein Dank gebührt auch Alexander Nollau und Dominika Radicki von der DKE, Dietmar Wall vom Deutschen Mieterbund, Christian Ofenheusle von machdeinenstrom.de, Hermann Laukamp vom Fraunhofer ISE, Thomas Seltmann vom Bundesverband Solarwirtschaft sowie meinen Gesprächspartnern bei der Bundesnetzagentur, den Stadtwerken München und dem Deutschen Institut für Bautechnik. Für ihre Hilfe im Hintergrund bedanke ich mich bei Jana Rathert und Ronny Thorenz, für Anmerkungen zum Manuskript bei Stefan Ruppert und Michael Beining, für Informationen aus der Solar-Szene bei Elke Grab. Ich danke Volker Hühn dafür, dass er mich so schnell als Autor bei Ulmer aufgenommen hat, Jennifer Zajonz für die redaktionelle Betreuung und ihre Geduld, wenn ich mehrmals die Deadline verschieben musste, und Melanie Kattanek für ihr schnelles und professionelles Lektorat.

Die in diesem Buch enthaltenen Empfehlungen und Angaben sind vom Autor mit größter Sorgfalt zusammengestellt und geprüft worden. Eine Garantie für die Richtigkeit der Angaben kann aber nicht gegeben werden. Autor und Verlag übernehmen keine Haftung für Schäden und Unfälle. Bitte setzen Sie bei der Anwendung der in diesem Buch enthaltenen Empfehlungen Ihr persönliches Urteilsvermögen ein.
Der Verlag Eugen Ulmer ist nicht verantwortlich für die Inhalte der im Buch genannten Websites.
Der Verlag trägt keinerlei Rechte an im Buch vorkommenden Produkt- oder Firmennamen.

Anmerkung zur Schreibweise (Gendering): Gendergerechtigkeit und Inklusion sind bei uns gelebte Praxis – bei der Auswahl unserer Themen, bei der Recherchearbeit, in der Gestaltung. Unsere Texte meinen alle. Damit unsere Inhalte jedoch gut lesbar bleiben, verzichten wir in diesem Werk auf die jeweilige Mehrfachnennung oder Anpassung der Schreibweise bestimmter Bezeichnungen an die weibliche, männliche oder diverse Form.

Bibliografische Information der Deutschen Nationalbibliothek
Die Deutsche Nationalbibliothek verzeichnet diese Publikation in der Deutschen Nationalbibliografie; detaillierte bibliografische Daten sind im Internet über http://dnb.d-nb.de abrufbar.

Wollgrasweg 41, 70599 Stuttgart (Hohenheim)
E-Mail: info@ulmer.de
Internet: www.ulmer.de
Projektleitung: Jennifer Zajonz
Lektorat: Melanie Kattanek
Herstellung: Silke Reuter
Umschlaggestaltung: Marion Schreiber,
www.marionschreiber.de
Satz: r&p digitale medien, Echterdingen
Reproduktion: time:ray, Jettingen
Druck und Bindung: Pustet, Regensburg
Printed in Germany

FSC www.fsc.org MIX Papier | Fördert gute Waldnutzung FSC® C014889

Klimaneutral Druckprodukt ClimatePartner.com/12514-2301-1012

ISBN 978-3-8186-1871-1